KB048417

메타버스
사피엔스

메타버스 사피엔스

또 하나의 현실, 두 개의 삶, 디지털 대항해시대의 인류

김대식 지음

동아시아

METAVERSE
SAPIENS

1장

거대한 탈현실화의 시작

우리는 지금 새로운 시대에 살고 있습니다. 2020년부터 시작된 코로나바이러스감염증-19^{COVID-19} 때문에 일상생활이 매우 어려워졌고, 그래서 많은 이들이 코로나바이러스 이후의 시대를 걱정합니다. 2020년에 팬데믹^{pandemic}이 처음 시작되었을 때, 나 역시 비슷한 고민을 하며 몇몇 가까운 전문가들과 진지한 공부 모임을 진행했었습니다. '도대체 이 팬데믹이라는 것은 언제쯤 끝날까?' '팬데믹이 끝난 이후의 우리 삶은 그 전의 삶과 어떻게 다를까?' 이런 주제를 두고 많은 논의를 주고받았는데, 이 모임에서 도달한 커다란 결론 하나를 말하자면, 역사적으로 팬데믹 이전과 팬데믹 이후의 세상은 매번 크게 달랐다는 점입니다.

그런데 이 결론에 도달하는 과정에서 우리가 관찰한 아주 흥미로운 현상이 있습니다. 바로 팬데믹 이후에 두드러진 트렌드 대부분이 팬데믹 이후에 갑작스럽게 나타난 것이 아니라, 팬데믹이 발생하기 5년에서 10년 전부터 이미 나타나기 시작한 현상들이 급격하게 가속화된 결과라는 점입니다.

2020년,
21세기의 진정한 시작

자, 그렇다면 우리는 가설을 한번 세워볼 수 있습니다. 과거와 마찬가지로, 이번 팬데믹 이후, 즉 포스트팬데믹post-pandemic 시대도 초가속의 시대가 될 것이라고 말입니다. 다시 말해, 우리는 팬데믹이 없었다면 앞으로 10년, 20년, 30년 또는 그보다 먼 미래에 일어날 법한 일들이 2, 3년 만에 벌어지는 초가속의 시대에 진입하고 있습니다.

따라서 어떤 관점에서 보면, 21세기의 진정한 시작은 2000년이 아니고 2020년이라고 주장해 볼 수 있습니다. 최근 들어 많은 역사학자들은 20세기의 진정한 시작점이 1900년이 아니라 1914년이었다고 이야기합니다. 다시 말해, 유럽을 중심으로 역사를 해석하면 제1차 세계대전이 시작된 1914년 이전까지의 20세기는 단지 19세기의 연장선일 뿐이었다는 말입니다. 그 전까지는 19세기와 거의 비슷한 세계 질서를 유지했다고 보는 것입니다.

제1차 세계대전이라는 충격과 함께 20세기의 세계 질서가 비로소 시작되었듯이, 2000년부터 2019년까지도 우리는 단지 20세기의 연장선을 경험한 것이 아닐까요? 시간이 흘러, 미래의 역사학자들 또한 21세기의 진정한 시작이 2020년부터 시작되었다고 결론 내릴지 모릅니다.

그렇다면 이제 궁금해집니다. 지난 5년에서 10년 동안 잠잠했었던 트렌드들 가운데 과연 어떤 트렌드가 가속화될 것인가? 이 책의 주제인 '새로운 현실' 또한 포스트팬데믹 시대에 가속화될 트렌드 중 하나이지 않을까? (참고로 가속되는 트렌드들에 관심 있는 독자라면, 2020년에 출간된『초가속』을 읽어도 좋을 것입니다. 코로나19에 관한 우리 모임의 전반적인 연구가 이 책에 보다 구체적으로 담겨 있습니다.)

가속화되는 분열:
탈세계화와 신냉전

과연 어떤 트렌드가 가속화될까요? 먼저, 어떤 트렌드들
이 있는지 살펴봅시다. 정치적 문제에 민감한 이들은 포
스트팬데믹 시대에 가장 먼저 가속화될 트렌드로 '탈세계
화'와 '신냉전'을 꼽는데, 이는 어찌 보면 이미 진행되고 있
는 트렌드들이기도 합니다.

20세기의 커다란 트렌드 중 하나는 세계화였습니다.
《뉴욕타임스The New York Times》의 칼럼니스트 토머스 프리드
먼Thomas L. Friedman은 한때 세계가 평평하다고 주장했지요.
20세기 후반, 특히 1990년부터 동유럽과 소련이 무너지면
서 전 세계가 하나로 통합되었다는 것입니다. 인류 역사
상 처음으로 보통 사람들도 거의 모든 지역을 여행하고
다른 나라에서 공부할 수 있게 되었고, 우리가 만든 제품
과 서비스를 지구 반대편 그리고 전 세계 거의 모든 곳으
로 판매하는 것이 가능해졌습니다.

그러나 20세기에 우리가 세계화를 목격했다면, 21세
기에 우리는 서서히 진행되는 탈세계화를 지켜보았습니
다. 국경선들이 곳곳에서 다시 높아지기 시작했고, 도널

드 트럼프^{Donald Trump}의 당선 그리고 브렉시트^{Brexit}와 같이 민족주의로 되돌아가려는 탈세계화의 움직임들을 관찰했습니다. 지난 5년에서 10년 사이에 액셀러레이터를 밟기 시작한 탈세계화가 앞으로는 더욱 가속화될 것이라고 많은 이들이 전망합니다.

탈세계화와 동시에 21세기에 우리는 새로운 냉전, 신냉전도 함께 경험하게 되지 않을까 생각합니다. 냉전은 20세기에도 한 차례 있었지요. 소련과 미국, 또는 소련과 서양의 대립과 경쟁이었습니다. 그러나 지금 생각해 보면, 사실 20세기의 냉전은 집안싸움이나 다름없었습니다. 공산주의와 자본주의 모두 18세기 유럽 계몽주의의 후속 모델이었고, 적어도 소련을 이끌었던 지도자들 대부분은 백인 남성들이었습니다. 따라서 동일한 문화권과 역사관을 공유하는 국가들 간의 이데올로기 전쟁이었던 것입니다.

21세기에 우리가 경험할 냉전 2.0 또는 신냉전은 중국과 미국, 또는 중국과 서양의 경쟁이 될 텐데, 중국과 서양은 분명 다른 문명입니다. 인종도 다르고 역사관도 매우 다르기 때문에, 앞으로 가속화될 신냉전은 20세기의 냉전보다 훨씬 더 해결하기 어려운 문제로 다가올 것입니다.

가속화되는 위기:
정체성 위기와 기후 위기

탈세계화와 신냉전과 더불어, 우리는 지난 5년, 10년 동안 '정체성 위기'라는 또 다른 커다란 충격을 경험했습니다. 중동, 북아프리카 등지의 수많은 난민들이 지중해를 건너 유럽으로 피난 오기 시작하자, 이 난민들을 맞이한 유럽과 미국의 여러 국민들은 스스로 질문을 던지게 되었습니다. '이 나라는 도대체 누구를 위한 나라인가?' '미국이라는 나라는 미국인을 위한 나라여야 하지 않을까?' '프랑스는 프랑스인을 위한 나라여야 하지 않을까?' '독일은 무엇보다도 독일인을 위한 나라여야 하는 것이 아닐까?' 이제는 이런 질문들에 답하며 미국, 프랑스, 독일과 같은 선진국 국민들이 스스로의 정체성을 주장하는 것이 하나의 트렌드로 자리 잡았습니다.

정체성 위기와 함께, 지금 벌어지고 있는 가장 커다란 미래 위기는 당연히 '기후 위기'입니다. 지구 기온이 섭씨 1.5도, 2도, 3도만 올라가더라도 지구의 환경이 완전히 달라지기에, 우리는 계속되는 지구 가열 앞에서 불안한 마음으로 상황을 지켜볼 수밖에 없게 되었습니다. 심지어 '기후변화를 막고 기후 위기를 극복하기에는 이미 너무 늦지 않았나?' 하는 좌절 섞인 목소리도 심심치 않게 들립니다.

결론적으로, 지난 5년에서 10년 동안 세상은 불안으로 가득했습니다. '1960년대나 1990년대처럼 미래를 낙관하며 더 나은 세상을 그리는 것은 고사하고, 당장 우리가 발 딛고 있는 20세기의 세계 질서가 붕괴되는 것은 아닐까?' 이것이 지난 5년, 10년 동안 걱정과 불안을 품고 지낸 우리의 모습입니다.

가속화되는 도피: 탈현실화 그리고 메타버스

최근 들어 두드러지기 시작한 또 하나의 새로운 트렌드가 있습니다. 바로 '탈현실화'로, 현실을 도피하는 흐름이지요. 현실에서 해결해야 하는 문제들이 산더미처럼 쌓여 있고 현실이 우리 힘으로 도저히 극복할 수 없는 문제들로 가득하다 보니, 화성으로의 이주를 꿈꾸거나 '메타버스metaverse'라고 불리는 디지털 현실로 도피하고자 하는 움직임이 일어나고 있습니다. 그리고 이 탈현실화야말로 코로나 이후에

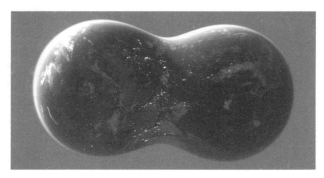

그림 1 메타버스, 탈현실화의 시작 ⓒ Earth 2®

가장 급격하게 가속화될 트렌드임이 분명해 보입니다.

특히 한국에서는, 최근 들어 '메타버스'라는 키워드
아래 급격한 탈현실화가 진행 중입니다. 〈제페토^{ZEPETO}〉에
서 명품과 자동차를 사고팔며, 〈이프랜드^{ifland}〉에서 모임
을 가지지요. 더 나아가, 이제는 은행을 비롯한 여러 기관
들까지 아날로그 현실이 아니라 디지털 현실에서 상품을
거래하고 광고하고 있습니다.

그러나 오늘날의 과학기술을 고려하면, 메타버스라
는 개념이 너무 빨리 등장한 것도 사실입니다. 우리가 현
재 가진 기술로는 디지털 현실을 완벽하게 구현할 수 없
습니다. 메타버스 서비스에 접속하거나 관련 영상만 찾아

봐도 곧 알아차리겠지만, 기술적으로는 아직 허접한 수준이지요.

그렇다면 왜 부족한 기술을 감수하고서라도 메타버스 서비스를 이용하는 이들이 점점 늘어날까요? 이는 팬데믹으로 인해 대면 회의가 거의 불가능해지고, 아날로그 현실에서 사회적인 관계를 유지하기가 더욱 힘들어진 지금과 같은 상황과 무관하지 않을 것입니다.

비슷하게, 지금으로부터 약 10년 전 제가 KAIST에 처음 부임했을 때 모두가 한목소리로 온라인 교육을 해야 한다고 이야기했었습니다. 언젠가는 말입니다. 그러나 시작하지 않았습니다. 왜? 대면 수업이 가능한 반면, 온라인 수업에 필요한 기술은 충분하지 않았기 때문입니다.

그런데 2020년 3월에 봄 학기가 시작되고 대면 수업이 불가능해지자, 단 일주일 만에 온라인으로 모든 수업이 전환되었습니다. 물론 처음 한 달 동안은 엉망이었지요. 시스템이 오작동을 일으켜 수업이 가능하지 않은 날도 많았습니다. 그러나 몇 달이 지나고 나자, 시스템은 점차 업데이트되었고 교수들과 학생들도 새로운 환경에 적응하기 시작했습니다. 1년이 지나고 나서는 어땠을까요? 모든 것이 꽤나 매끄러워졌습니다.

이 이야기는 메타버스에도 적용될 것입니다. 기술적인 차원에서, 메타버스라는 현실은 10년 후에나 도입되었어야 하는 기술입니다. 그러나 팬데믹이라는 충격으로 인해 이 새로운 현실이 갑자기 시작되었고, 기술적으로 아직 완성도가 높지 않음에도 불구하고 끊임없이 새로운 소비자들이 유입되고 있습니다. 따라서 기술은 급격히 발전할 것입니다. 10년 후에나 나타났어야 하는 메타버스가 2020년 그리고 2021년에 트렌드로 자리 잡기 시작한 것은 우연이 아닙니다.

그리고 어쩌면 우리는 코로나 팬데믹에 '고맙다'고 해야 할지도 모릅니다. 코로나 사태를 통한 '초가속화'가 벌어지지 않았다면, 아날로그 현실에서 디지털 현실로 진화하는 인류의 거대한 트렌드를 우리가 놓쳤을지도 모르기 때문입니다. 그렇다면 '메타버스'도 단지 실리콘밸리 인사들만의 관심 대상이었겠지요. 아직 기술적으로 준비되지 않은 메타버스의 정체성과 미래에 대해 함께 논의할 수 있게 되었기에, 우리는 적어도 이러한 관점에서만큼은 코로나에 고마울 뿐입니다.

메타버스가 얼마나 빠르게 성장하고 있는지 한번 둘러봅시다. 초기 메타버스 안에서는 사용자들이 친구들을 만나 화장을 하고 대화를 나누는 수준이었습니다. 그러나 이제는 이런 수준을 넘어서, 서로 물건을 사고팝니다. 이는 한국에서만 일어나는 일이 아닙니다. 예를 들어, 미국에서는 〈로블록스Roblox〉를 사용해 메타버스 공간에서 자신만의 게임을 만드는 사용자가 늘고 있습니다.

심지어 〈포트나이트Fortnite〉라는 게임 안에서 미국 가수 아리아나 그란데Ariana Grande의 공연이 열리기도 했지요. (공연 영상을 아직 보지 못했다면, 유튜브YouTube에 업로드된 영상을 꼭 한번 보기를 바랍니다. 오프라인으로는 절대로 접할 수 없었던 새로운 형태의 공연이 가능해졌다는 것을 확인할 수 있을 것입니다.) 처음에는 오프라인 공연이 불가능하다는 조건에서 시작되었을 뿐인데, 이제는 메타버스 공연의 완성도가 높아짐에 따라 온라인 공연을 통해 초현실적인 퍼포먼스를 선보이고 새로운 방식으로 관객과 소통하는 일이 잦아지고 있습니다.

〈어스 2Earth 2〉라는 서비스도 재미있습니다. 이 공간에서는 디지털 지구의 가상 부동산을 사고팔 수 있습니다. 참고로, 서울 광화문 인근의 땅은 이미 북한 네티즌들에게 거의 다 팔렸고, 평양 땅은 한국인들에게 많이 팔렸습니다. 흥미롭게도, 어디에서 정보를 얻었는지 모르겠지

그림 2 〈이프랜드〉와 〈포트나이트〉

만, 디지털 현실에서도 좋은 부동산은 서비스가 시작된 지 얼마 지나지 않아 모두 팔려버렸지요.

그렇다면 이제 우리는 질문해야 합니다. 아니, 메타버스가 우리의 새로운 현실이라면 우리는 다음과 같은 질문을 피할 수 없습니다.

도대체 현실이란 무엇일까?

우리는 왜 현실에서 도피하려고 할까?

탈현실화된 미래는 과연 어떤 모습일까?

2장

홀 그리고 시뮬레이션

현실이란 무엇일까요? 인간이 디지털 현실로 도피하는 것이 가능하기는 할까요? 도피하는 것이 가능하다고 해도, 이것이 과연 우리에게 좋은 결과를 가져다줄까요? 메타버스를 올바르게 이해하기 위해, 먼저 이 흥미로운 질문들을 따라가 봅시다.

　도대체 현실이 무엇일까요? 한편으로는 멍청해 보일 정도로 단순한 질문입니다. 당연히 우리가 눈 떴을 때 보이는 세상이겠지요! 그렇지만 한 발 더 나아가 질문해 봅시다. 눈을 뜨고 세상을 본다는 것은 과연 어떤 과정일까요? 어떻게 우리 머릿속으로 아파트가 들어오고, 지중해가 들어오고, 현실이 들어오는 것일까요? 눈을 뜨는 순간, 우리에게는 과연 어떤 일이 벌어지는 것일까요?

이런 질문을 최초로 진지하게 고민한 인물은 11세기의 이슬람 과학자 이븐 알하이삼**Ibn al-Haytham**입니다. (참고로, 알하젠**Alhazen**으로도 알려진 알하이삼의 『광학의 서**Book of Optics**』는 르네상스 시대에 원근법을 발견하는 데 결정적인 계기가 되기도 했습니다.) 도대체 본다는 것이 무엇일까요? 어찌 보면 매우 단순한 질문이기에, 그 전까지의 다른 과학자들은 이 질문을 한 번도 진지하게 검토한 적이 없었습니다.

물론 눈이 있어야 사물을 볼 수 있다는 사실 정도는 누구나 알고 있었습니다. 전쟁으로 눈을 잃은 이들은 차치하더라도, 당장 두 눈을 감기만 해도 앞을 볼 수 없다는 점이 명확했기 때문입니다. 그래서 알하이삼의 연구도 자연스레 눈에 대한 연구로 이어졌습니다.

11세기의 이슬람, 이슬람의 문명이 가장 찬란하게 빛을 발할 때, 알하이삼은 다음과 같이 결론을 내렸습니다. 즉, 우리가 무언가를 본다는 것은 빛이 사물에 비친 다음, 사물에 반사된 모습이 눈을 통해 우리 머리 안으로 들어오는 과정이라는 것입니다. 눈에 관한 매우 단순한 이 개념은, 그로부터 1,000년이 지나고 나서도 보통 사람들이 본다는 행위를 이해하는 기본적인 골격을 이루고 있지요.

프랑스의 수학자이자 철학자인 르네 데카르트^{René} ^{Descartes} 역시 그의 책에서 유사한 내용을 다룹니다. 데카르트에 따르면, 외부 현실이 존재하고 그 현실이 눈으로 들어오는 과정이 바로 본다는 행위입니다. 예를 들어, 화살 그 자체가 우리 바깥에 존재하는데, 화살에 비친 빛이 반사되어 우리 눈에 들어오고 그 빛이 우리 뇌에 입력되면 우리가 화살을 보게 된다는 것입니다. 이는 오늘날의 우리에게도 너무나 당연한 이야기처럼 들립니다.

현실은 모두에게 동일한가?

지난 100년 동안 뇌과학이 발견한 가장 놀라운 결과 가운데 하나는 앞서 이야기한 내용이 모두 틀렸다는 점입니다. 즉, 우리는 세계를 있는 그대로 경험하지 않습니다. 말하자면, 우리가 경험하는 현실은 뇌가 만들어 낸 착시 현상입니다. 물론 실제 세상은 존재하겠지요. 분명 우리 바깥에 무언가는 있을 것입니다. 그러나 그 무언가가 우리 눈에 지금 보이는 형태로 존재하지는 않습니다.

우리 눈에 보이는 현실은 세상의 진짜 모습이 아닙니다.
우리가 경험하는 현실은 인풋input이 아니라,
우리 뇌의 해석을 거친 결과물, 즉 아웃풋output입니다.

믿기 어려운 내용이기에, 천천히 한번 증명해 보겠습니다. 먼저 다음과 같이 질문해 봅시다. 현실은 모두에게 동일할까요? 우리는 대다수 사람들 또는 모든 사람에게 현실이 동일하게 보일 것이라고 믿습니다. 적어도 비슷하게는 보이리라고 믿습니다. 그런데 정말로 그럴까요?

인간이 아닌 다른 동물들부터 살펴봅시다. 예를 들어, 강아지나 고양이는 색깔을 잘 보지 못합니다. 이들에게 세상은 어떻게 보일까요? 거의 흑백으로 보일 것입니다. 그러나 이 정도로는 아직 강아지나 고양이의 현실이 우리의 현실과 다르다고 말하기는 이른 듯합니다.

그렇다면 곤충들은 어떨까요? 곤충들의 눈은 매우 특이한데, 말하자면 그 안에는 수백 개의 미니 렌즈들이 들어 있습니다. 이것이 무슨 말일까요? 그들의 눈 안에서는 한 물체마다 수백 개의 카피들이 만들어진다는 것입니다.

바닷속 문어의 눈에는 세상이 어떻게 보일까요? 문어는 매우 영리한 생물입니다. 현존하는 생명체들 가운데 영장류가 가장 똑똑하고, 다음으로는 돌고래, 그다음으로 문어가 똑똑하다고 알려져 있습니다.

지능이 높다고 여겨지는 한 가지 이유는 문어에게 예제를 통해 학습하는 능력이 있기 때문입니다. 예를 들어, 병 안에 먹이를 넣고 뚜껑을 닫아놓았을 때 처음에는 문어가 병을 열지 못합니다. 그러나 병을 여는 모습을 한 번 보여주고 뚜껑을 다시 닫아 문어에게 건네주면, 문어는 스스로 그 병을 열지요. 경험을 통해 학습한 것입니다. (참고로, 문어는 인간의 눈과 매우 유사한 눈을 가지고 있습니다.)

또 돌고래나 다른 영장류의 눈에는 세상이 어떻게 보일까요? 인공지능artificial intelligence, AI은 세상을 어떻게 바라볼까요? 인공지능이 만들어 내는 현실은 어떤 모습일까요? 우리는 이러한 질문들을 죽 나열하고 실험과 추론을 통해 질문들에 답할 수 있지만, 가장 흥미로운 질문과 답은 역시나 인간에 관한 것입니다. 인간에게 세상은 어떻게 보일까요? 모든 인간에게 세상은 동일하게 보일까요?

먼저, 모든 사람에게 현실이 동일하지는 않습니다.

한 가지 예로 동작맹^{akinetopsia}이라는 장애를 살펴보지요. 어떤 사물을 바라볼 때 우리 뇌는 그 사물을 하나의 전체로 받아들여 기억하거나 분석하지 않고, 그 사물과 연관된 정보들을 수십 가지로 나누어 처리하는 것으로 알려져 있습니다.

그런데 물체의 움직임에 관한 정보를 처리하는 중간관자시각영역^{middle temporal visual area, MT}이 손상된 환자들의 경우, 물체의 움직임을 연속적으로 경험하지 못하고 마치 스냅숏을 찍은 것처럼 불연속적으로 경험합니다. 다시 말해, 어떤 물체가 특정한 위치에서 다른 위치로 서서히 움직이는 것이 아니라, 한 위치에서 사라지고 다른 위치에서 불쑥 나타나는 것으로 경험합니다. 해당 영역이 손상되지 않은 이들에게는 이 환자들이 바라보는 현실이 단지 간접적으로만 추측할 수 있는 대상일 뿐이지만, 이들이 전혀 다른 방식으로 세상을 경험한다는 점은 분명합니다.

안면실인증 또는 얼굴인식불능증^{prosopagnosia}이라는 장애도 한 가지 흥미로운 사례입니다. 얼굴에 관한 정보를 처리하는 우리 뇌의 특정한 영역, 방추상얼굴영역^{fusiform face Area, FFA}이 손상된 환자들은 얼굴을 인식하는 데 어려움을 겪습니다. 그런데 얼굴 인식은 사회적 상호작용과 관련해

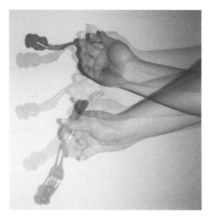

그림 3 동작맹 환자가 경험하는 현실

매우 기초적인 능력이기에, 인간의 뇌에서 가장 중요한 영역이 손상된 이 환자들은 다른 이들과 관계를 맺는 일에서도 어려움을 겪습니다.

　　그렇다면 이 환자들에게는 현실이 어떻게 보일까요? 놀랍게도, 이들의 현실에서 얼굴을 제외한 모든 것이 뚜렷합니다. 사물의 형태, 색, 운동과 관련한 모든 정보가 선명해 보이지만, 부모의 얼굴, 자식의 얼굴, 친구와 연인의 얼굴 그리고 자신의 얼굴이 보이지 않지요. 짐작건대, 사랑하는 사람들의 얼굴을 볼 수 없다는 점은 이들의 크나큰 아픔일 것입니다.

그림 4 안면실인증 환자가 경험하는 현실

잦은 충격으로 인해 후천적으로 뇌의 일부가 손상된 환자들의 경우에도 현실을 왜곡해 받아들일 수 있습니다. 대표적인 사례가 무하마드 알리Muhammad Ali와 같은 권투 선수들입니다. 권투 선수들은 많은 경기와 훈련을 거치며 머리에 여러 차례 충격을 받는데, 이렇게 누적된 충격이 펀치드렁크 증후군punchdrunk syndrome과 같은 증상들로 나타나기도 합니다.

한편, LSDlysergic acid diethylamide와 같은 마약을 사용해도 현실은 매우 다르게 보입니다. 여러 보고에 따르면, LSD를 복용하면 갑자기 환청이 들리거나 환시 증상이 나타나거나 사물이 여러 개로 나뉘어 보이는 부작용이 나타납니다. 심한 경우에는 정신이 육체와 분리되는 듯한 착각, 즉 내 몸에서 벗어나 나를 바라보는 듯한 착각이 일어나기도 하지요. 이미 자주 경험했을지 모르겠지만, 사실 우리는 술에 지나치게 취하기만 해도 현실의 왜곡을 경험합니다.

꿈, 가장 가까운 또 다른 현실

반드시 뇌가 손상되거나 마약을 복용해야 현실이 다르게 보이는 것은 아닙니다. 사실 우리는 매일 밤 새로운 현실을 경험합니다. 바로 꿈입니다.

　우리는 왜 꿈을 꿀까요? 정확히는 아직 아무도 모릅니다. 그러면 우리는 왜 잠을 잘까요? 당연히 졸리기 때문은 아닙니다. 졸음은 원인이 아니라 신호이기 때문입니다. 우리가 느끼는 배고픔과 목마름도 원인이 아니라 신호입니다. 무언가가 필요할 때 우리 몸이 보내는 신호일 뿐이지요. 예를 들어, 에너지가 필요할 때 우리 몸은 배고픔이라는 신호를 보내고, 우리는 그 신호를 인지하고 냉장고 문을 열어 음식을 꺼내 먹습니다. 다시 말해, 배고픔이 소화의 원인이 아니듯 졸음이 잠의 원인은 아닙니다. 잠의 원인이 무엇인지는 아직 알지 못합니다.

그런데 수면은 진화적으로 위험한 전략입니다. 하루에 적게는 6시간, 많게는 9시간 가까이 생물이 잠을 잔다는 것은 온몸이 거의 마비된 상태에서 하루의 3분의 1을 보내는 것이나 다름없습니다. 따라서 의식을 잃고 오랜 시간 수면을 취하는 생물은 굶주린 포식자에게 좋은 먹잇 감입니다.

그럼에도 불구하고 인간을 포함한 거의 모든 동물이 잠을 자며, 그것도 평균적으로 상당히 많은 시간 동안 잠을 잔다고 알려져 있습니다. 이는 잠을 자는 것이 동물들에게 위험한 전략인 것 이상으로, 진화적으로 크게 도움이 되었다는 것을 시사합니다.

수면이 진화적으로 이득이라는 점은 억지스러울 정도로 기이한 방법으로 잠을 유지하는 돌고래의 사례에서도 잘 드러납니다. 잘 알려진 것처럼, 돌고래는 어류가 아니라 포유류이며 물속에서는 숨을 쉬지 못합니다. 그러면 돌고래는 어떻게 잠을 잘 수 있을까요? 물속에서 무방비 상태로 잠이 들면 익사하고 말 텐데 말이지요. 돌고래는 이 방법을 해결하기 위해 진화적으로 기발한 전략을 고안

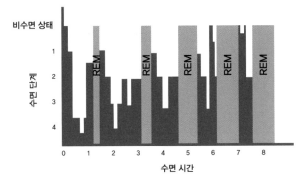

그림 5 수면 사이클

해 냈습니다. 돌고래도 여느 동물과 마찬가지로 좌뇌와 우뇌를 가지고 있는데, 수면 중에는 한쪽 뇌만 잠을 재우는 것입니다.

잠을 자는 동안에도 우리 뇌의 전원이 완전히 꺼지지는 않습니다. 잠이 들고 처음에는 아주 깊은 잠에 빠지지만, 그로부터 30분에서 50분 정도가 지나면 뇌는 다시 잠에서 깨기 시작합니다. 다시 말해, 컴퓨터의 중앙처리장치CPU에 해당하는 뇌의 기능들이 거의 작동하지 않는 상태에 접어들다가, 약 40분이 지나면 다시 작동하기 시작하는 것이지요.

뇌가 잠에서 완전히 깨는 단계까지 오면, 몸이 마비

된 상태에서도 우리의 눈동자는 사정없이 움직입니다. 그 래서 우리는 이 단계를 'REM^{rapid eye movement} 수면 상태'라고 부릅니다. (뇌가 깨어나는 동안 우리 몸이 충분히 마비되지 않는 다면, 우리는 잠을 자는 도중에도 걷거나 말하게 될 것입니다.) 이 과정은 우리가 잠을 자는 약 8시간 동안 평균적으로 4번 에서 5번 정도 반복됩니다.

그런데 우리가 꿈을 꾸는 단계가 바로 이 REM 수면 상태입니다. 어떤 이들은 스스로 꿈을 거의 꾸지 않는다 고 말하기도 하지만, 이는 사실이 아닙니다. 잠들고 깨어 날 때까지 우리는 총 4, 5번의 꿈을 꿉니다. 단지 모든 꿈 을 기억하지 못할 따름이지요. 과학자들은 이를 어떻게 알아냈을까요?

아주 간단합니다. 잠을 자는 동안 피실험자의 눈동 자의 움직임을 관찰하다가, 피실험자가 첫 번째 또는 두 번째 REM 수면 단계에 들어섰을 때 피실험자를 깨워버리 는 것입니다. 그러면 거의 모두가 꿈을 꾸고 있었다고 보 고하며, 그 꿈에 대해 이야기할 수 있게 됩니다. 정리하자 면, 우리는 잠들고 깨어날 때까지 꿈을 여러 번 꾸지만, 깨어나기 전의 마지막 꿈만 기억할 뿐입니다.

그런데 어떤 꿈들은 너무나 생생하고 현실적입니다.

깨어났을 때는 꿈의 내용이 터무니없이 느껴지더라도, 꿈을 꾸는 동안만큼은 마치 그 꿈이 진짜 현실처럼 느껴졌던 경험이 누구에게나 있을 것입니다. 얼마 전 저도 이런 꿈을 하나 꾸었는데, 그 꿈속에서 저는 밤새도록 날아다니다 우연히 방문의 열쇠 구멍 안에 갇혀버린 파리였습니다. 재미있는 점은 꿈속에서는 저 자신이 파리라는 것이 조금도 이상하게 느껴지지 않았다는 점입니다.

이것이 바로 꿈의 특징입니다. 우리가 깨어 있을 때는 꿈을 의심하거나 꿈이 허황되다고 여길 수 있습니다. 그러나 연구에 따르면, 꿈을 꾸는 도중에는 의심에 필요한 메커니즘 자체가 작동하지 않습니다. 즉, 우리는 우리의 꿈을 곧이곧대로 현실로 받아들일 수밖에 없다는 것이지요.

이를 잘 표현한 것이 전국시대의 사상가인 장자莊子입니다. 장자는 어느 날 자신이 나비가 되어 꽃밭을 노니는 꿈을 꾸었는데, 꿈이 너무나 생생한 나머지 꿈에서 깬 자신이 사람이라는 점이 낯설게 여겨졌습니다. 장자는 스스로 물었습니다. '장자가 나비가 된 꿈을 꾼 것인가, 아니면 나비가 장자가 된 꿈을 꾸고 있는 것인가?'

우리도 장자를 따라 한번 질문해 봅시다. 이 현실이 꿈은 아닐까요?

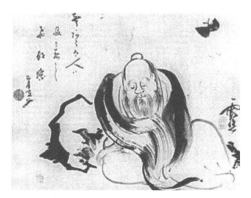

그림 6 나는 꿈을 꾸는 나비인가?

당신은 컴퓨터 시뮬레이션에서
살고 있나요?

우리가 보고 느끼는 이 현실은 진짜일까요? 이는 상당히
오래된 철학적 질문입니다. 예를 들어, 영국의 철학자 조
지 버클리George Berkeley는 다음과 같이 물었습니다. 우리 바
깥에 세상이 존재한다는 것을 증명할 수 있을까? 대담하
게도, 버클리는 이것이 불가능하다고 주장했습니다. 우리
가 지각하는 것은 우리의 감각일 뿐이지 세상 그 자체가
아니기 때문입니다. 참고로, 버클리는 자신의 추론을 더

밀고 나가 "존재하는 것은 곧 지각된 것"이라는 말로 자신의 결론을 요약했습니다.

이 주제는 사이버 스페이스^{cyber space}를 다루는 영화에도 자주 등장합니다. 〈매트릭스^{The Matrix}〉가 대표적이지요. 〈매트릭스〉에서 개발자로 일하는 주인공 네오는 자신이 현실이라고 믿었던 세상이 단지 인공지능에 의한 시뮬레이션이라는 점을 깨닫습니다. 시뮬레이션 바깥의 세상, 즉 진짜 세상에서는 괴기한 용기에 갇혀 인공지능을 위한 배터리로 쓰이고 있었던 것이지요.

그렇다면 〈매트릭스〉에서처럼, 아주 정교한 시뮬레이션은 현실과 구별할 수 없지 않을까요? 우리 뇌를 잘 조작하기만 하면, 마치 진짜 책을 읽고 음악을 듣고 있다고 착각할 수도 있지 않을까요?

'소설가들의 소설가'로 불리는 아르헨티나 작가 호르헤 루이스 보르헤스^{Jorge Luis Borges}는 여러 흥미로운 글들을 썼는데, 그중에는 「원형의 폐허들^{Las ruinas circulares}」이라는 짧은 소설도 포함됩니다. 이 소설에는 신전이 하나 등장하는데, 어느 날 이 원형의 신전에 불이 납니다. 벽이 불타 지붕이 무너지고, 결국 그 안에 갇힌 신자마저도 불길에 휩싸이지요. 그런데 불길에 휩싸인 신자는 그야말로 충격에 빠집니다. 자신의 몸이 불로 뒤덮이는데도 전혀 아프지 않은 것입니다!

현실이란 무엇일까, 우리가 경험하는 현실은 진짜일까 신이 만든 시뮬레이션에 불과할까, 언제나 이런 문제를 고민하던 신자는 원형의 폐허 가운데 그 답을 얻습니다. 자신의 현실이 시뮬레이션이라는 사실 말입니다. 이 모든 것이 시뮬레이션이라는 점을 깨닫고 신자는 행복과 슬픔을 동시에 느낍니다. 화재가 가짜이기에 행복을 느끼면서도, 자기 인생 자체가 가짜이기에 슬픔을 느낀 것이지요.

최근에는 일론 머스크Elon Musk도 비슷한 이야기를 내놓았습니다. 우리가 살아가는 현실이 가상 세계가 아닌 진짜 세계일 확률이 10억분의 1에 지나지 않는다는 것입니다. 많은 언론에서는 이 말을 대다수 사람들이 곧 가상 현실virtual reality, VR에서 살게 될 것이라는 이야기로 해석했지만, 사실 머스크가 주장하는 바는 미래에 관한 것이 아니라 현재 우리의 현실이 컴퓨터 시뮬레이션이 아닐 확률이 10억분의 1에 불과하다는 것입니다.

이것이 대체 무슨 말일까요? 우리가 살아가는 이 세상, 우리가 사랑하는 가족이나 연인과 함께하는 이 모든 순간이 시뮬레이션의 일부라는 것입니다. 그렇다면 머스

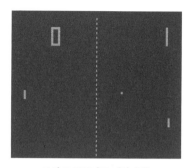

그림 7 1972년도 게임 〈퐁〉

크는 왜 이런 주장을 하는 것일까요?

　사실, 이 가설을 처음 내세운 인물은 옥스퍼드대학교의 철학과 교수이자 『슈퍼인텔리전스Superintelligence』의 저자로 유명한 닉 보스트롬Niklas Boström입니다. 「당신은 컴퓨터 시뮬레이션에서 살고 있나요?Are You Living In a Computer Simulation?」라는 논문에 실린 그의 가설은 기본적으로 시뮬레이션의 속성과 그것의 가파른 성장에 바탕을 두고 있습니다.

　먼저, 1972년에 출시된 〈퐁Pong〉이라는 게임을 봅시다. MZ 세대는 상상하기도 어렵겠지만, 스티브 잡스Steve Jobs를 비롯한 많은 이들이 막대기 2개로 공 하나를 몇 시간 동안 주고받으며 이 게임에 매혹되었습니다. 그런데

그림 8 21세기 초의 시뮬레이션

불과 40년, 50년 만에 우리가 구현할 수 있는 시뮬레이션의 수준은 상상을 초월할 정도로 높아졌습니다.

따라서 보스트롬은 다음과 같이 질문했지요. 고작 50년 만에 이 정도로 기술이 발달했다면, 500년 후에는 기술이 어느 수준까지 발전할까? 아니, 5,000년 후의 인류는 어떤 기술을 가지고 있을까? 철학뿐만 아니라 수학을 전공한 그가 내린 결론은 단순하지만 강력합니다. 세상이 멸망하지 않고 기술이 계속 발전하기만 한다면, 500년 또는 5,000년 후에는 실제 세상과 구별하기 어려운 정교한 시뮬레이션이 나타날 수밖에 없다는 것입니다.

더 나아가, 보스트롬은 다음과 같이 묻습니다. 미래 세대는 이 대단한 시뮬레이션 기술로 무엇을 시뮬레이션할까? 그러고 나서 그는 미래 세대가 자신들의 이전 세대들을 시뮬레이션할 것이라고 추론합니다. 궁금해할 것이기 때문이지요. 인류는 도대체 어떻게 여기까지 오게 되었을까? 문명은 어떻게 이토록 발전할 수 있었을까?

그런데 과거를 시뮬레이션할 수 있다면, 수많은 과거들은 이미 시뮬레이션되었을 가능성이 큽니다. 그리고 보스트롬에 따르면, 그 가운데 하나가 바로 우리가 경험하는 현실이라는 것입니다.

자, 한번 상상해 봅시다. 시뮬레이션과 오리지널은 분명한 차이가 있습니다. 가장 큰 차이는 무엇일까요? 오리지널은 단 1개인 데 반해, 시뮬레이션은 무한히 복제가 가능하다는 점입니다. 예를 들어, 우리가 아침에 일어나 집을 나섰다고 상상해 봅시다. 그런데 옆집 현관 앞에 레오나르도 다빈치Leonardo da Vinci의 〈모나리자Mona Lisa〉가 놓여 있는 것이 아니겠습니까? 그러나 우리는 〈모나리자〉의 원본이 프랑스의 루브르박물관에 걸려 있다는 것을 알고 있습니다. 물론 〈모나리자〉 그림의 수많은 카피들이 존재하지만 말이지요.

그렇다면 독자들은 옆집 현관 앞에 놓인 〈모나리자〉가 오리지널이라고 믿겠습니까, 카피라고 믿겠습니까? 시간이 남아도는 것이 아니라면, 복제품이라고 여기고 그림을 지나칠 것입니다. 이유는 단순합니다. 현관 앞 〈모나리자)가 루브르박물관의 원본일 확률보다 수많은 복제들 가운데 하나일 확률이 압도적으로 높기 때문입니다.

우리 인생도 마찬가지입니다. 우리는 분명 이 세상에 태어나겠다고 동의한 적이 없습니다. 도장을 찍은 적도, 사인한 적도 없지요. 그저 이 현실에 태어났을 뿐입니다. 따라서 원리적으로 현실과 구별할 수 없는 시뮬레이션을 만들 수 있다면, 우리에게 주어진 현실이 무수히 많은 시뮬레이션들 가운데 하나가 아닐 확률은 매우 작습니다. 그리고 그 확률은 10억분의 1입니다. 이것이 보스트롬의 주장입니다.

그런데 우리가 사는 이 현실이 오리지널이든 시뮬레이션이든 차이가 있을까요? 사실, 큰 차이는 없을 것입니다. 어차피 이곳에서 나갈 수 없기 때문입니다. 그보다 중요한 질문은 다음과 같습니다. 만약 우리의 현실이 시뮬레이션이라면, 이 현실에서 먹고 마시고 살아가는 나는 이 시뮬레이션의 플레이어player일까 아니면 NPC non-player character일까?[*]

---

* NPC는 게임 안에서 플레이어가 조종할 수 없는 캐릭터로, 플레이어가 게임을 진행하는 데 도움을 주는 보조 캐릭터를 말한다.

플레이어라면 다행입니다. 여러 현실들을 시뮬레이션하고 경험할 수 있기 때문이지요. 그런데 우리가 NPC 중 하나라면, 현실은 한층 더 우울할 것입니다. 그렇다면 나의 선택은 나의 자유의지에 따른 것이 아니라, 시뮬레이션 안에 정해놓은 파라미터나 코딩에 따른 것에 불과하기 때문입니다.

결국 '현실은 무엇인가?' 하는 질문은 불가피하게 '나는 무엇인가?' 하는 질문과 연결될 수밖에 없습니다. 우리 자신이 오리지널이고 자유의지를 가진 플레이어라면 이 현실은 '진짜 세계'에 살고 있는 내가 스스로의 의지를 통해 선택한 세계이지만, 우리가 정해진 변수에 따라 움직이는 NPC라면 이 현실 또한 무수히 많은 시뮬레이션 가운데 하나일 뿐이기 때문이지요. 그렇다면 한번 질문해봅시다.

나는 무엇일까?

3장

네가 만들어 내는

현실들

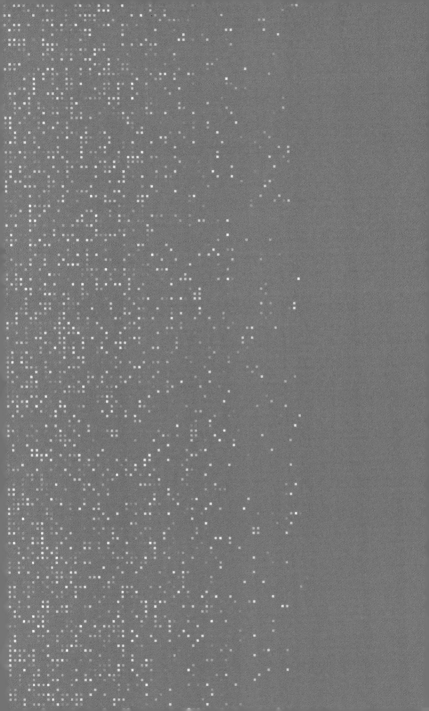

나는 무엇일까? 오랜만에 앨범을 펼치고 유치원생 때나 초등학생 때 저의 모습과 지금 저의 모습을 비교해 보았습니다. 그리고 중학생 때나 대학생 때 저의 모습과 지금 저의 모습을 번갈아 보았습니다. 겉으로는 서로 아주 다른 사람들처럼 보이지만, 저는 여전히 그들이 모두 저라고 믿습니다. 다시 말해, 어릴 적의 제가 자라 지금의 제가 되었다고 느낍니다. 이런 느낌은 어디에서 오는 것일까요?

　　잘 알려진 것처럼, 우리 몸은 끊임없이 변합니다. 키

가 커지다 나이가 들면 다시 줄어들고, 피부 세포는 떨어져 나가지요. 머리카락은 잘라도 다시 자라며, 손톱은 깎아도 다시 자랍니다. 그런데 우리 몸 안의 수많은 세포들 가운데 한번 만들어지면 더 이상 새롭게 만들어지지 않는 세포가 있는데, 바로 뉴런neuron, 즉 신경세포입니다. 결국 몸이 변하더라도 신경세포는 크게 변하지 않기에, 과거의 저와 지금의 제가 연속적이라는 믿음을 가질 수 있는 것입니다.

그런데 우리 뇌에는 커다란 문제가 하나 있습니다. 바로 뇌가 두개골 안에 갇혀 있다는 점입니다. 이것이 왜 문제일까요? 뇌가 당연히 머리 안에 있지 어디 있겠습니까? 그러나 곰곰이 한번 생각해 봅시다. 우리 뇌는 두개골 안에 갇혀 있기에 현실을 단 한 번도 직접 경험한 적이 없습니다. 뇌는 직접 사물을 보거나 만지지 않으며, 단지 두개골이라는 어두컴컴한 감옥 안에서 평생을 지낼 뿐입니다.

우리 뇌는 세상을 직접 경험하지 않고 눈, 코, 귀와 같은 감각기관들을 통해 들어오는 정보를 받아 이 정보를 기반으로 세상을 해석합니다. 그러나 지난 한 세기 동안 뇌과학자들이 연구한 결과에 따르면, 우리의 감각기관을 통해 들어오는 정보는 완벽하지 않습니다. 완벽하긴커녕 너무 많은 문제들을 가지고 있지요. 따라서 뇌는 진화적

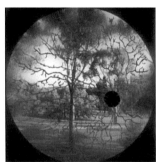

그림 9 시야에서 사라지는, 망막 안의 혈관과 맹점

으로 눈, 코, 귀를 통해 들어오는 정보를 절대로 있는 그대로 받아들이지 않고 항상 해석합니다.

뇌가 감각기관을 통해 들어오는 정보를 곧이곧대로 받아들이지 않고 해석한다는 점을 드러내는 여러 사례들이 있는데, 이 가운데 가장 유명한 사례부터 살펴봅시다.

우리가 밖으로 나가 풍경을 바라보면, 분명 그림 9의 오른쪽과 비슷하게 보일 것입니다. 그러나 인간의 시각 체계를 조금만 연구해 보면, 시각 정보를 있는 그대로 받아들일 경우 풍경이 절대로 오른쪽 그림처럼 보일 수 없다는 점을 깨닫게 됩니다. 왜 그럴까요?

빛은 물체에 반사되어 우리 눈에 들어오고, 눈앞의

렌즈를 통해 빛은 망막에 꽂힙니다. 이때 우리 눈이 제대로 설계되었다면, 망막 안의 세포들 가운데 빛에 반응을 보이는 세포들은 빛이 들어오는 통로와 가장 가까운 곳에 자리 잡고 있을 것입니다. 그러나 지난 수백만 년의 진화 과정에서 대부분의 동물들, 특히 인간을 포함한 모든 영장류의 망막은 한 차례 뒤집혔으며, 오늘날을 살아가는 우리의 망막도 눈 안에서 뒤집힌 채로 자리 잡고 있습니다.

이는 우리가 생활하는 데 크게 문제되지 않겠지만, 이로 인한 물리적인 문제는 발생합니다. 망막 안에는 빛에 반응을 보이는 세포가 아닌 다른 세포들, 특히 혈관이 많습니다. 따라서 빛이 각막을 통해 들어와 망막에 꽂힐 때, 빛은 이 혈관들을 지나가고 나서야 빛에 반응을 보이는 세포들에 전달될 수밖에 없지요. 다시 말해, 우리 뇌가 시각 정보를 입력된 대로 인식한다면 우리의 시야에는 망막 안 혈관의 그림자가 겹쳐 보일 수밖에 없습니다.

이를 컴퓨터로 시뮬레이션해 보면, 그림 9의 왼쪽과 같습니다. 그런데 우리 가운데 이렇게 망막 안 혈관들의 그림자가 거미줄처럼 보인다면, 재빨리 병원을 찾아 검사를 받아보아야 하겠지요. 객관적인 세상은 분명 그림 9의 왼쪽과 같이 생겼는데, 우리가 보는 현실은 그림 9의 오른쪽과 같이 생겼습니다. 그렇다면 뇌는 어떻게 이러한 새로운 현실을 만들어 내는 것일까요?

그림 9 왼쪽에서 보이는 거미줄 같은 혈관들을 시각정보로부터 지워버리기 위해, 뇌는 이미 오래전에 그 해결책을 찾아냈습니다. 놀랍게도, 뇌가 발견한 해결책은 망막에 영상들 또는 프레임이 하나하나 꽂힐 때마다 이를 곧바로 받아들이지 않고, 하나의 프레임과 그다음 프레임의 차이 값을 계산하는 것입니다. 다시 말해, 미분을 계산하는 것인데, 이는 단순하지만 아주 영리한 방법이지요.

예를 들어, 우리가 그림 9와 같은 풍경을 30초 동안 바라보고 있다고 가정해 봅시다. 이때 우리 눈에 보이는 모든 픽셀이 중요하지는 않습니다. 나무가 서 있는 자리를 예로 들면, 이 자리의 픽셀은 30초 동안 거의 아무런 변화도 없습니다. 이 픽셀을 임의의 수, 즉 7이라고 표현하면, 30초 동안 우리 눈으로는 7, 7, 7, … 하고 계속 동일한 값이 들어올 것입니다. 따라서 이 동일한 값을 매번 저장하는 것은 진화적으로 매우 비효율적인 전략일 것입니다.

그런데 풍경 속 나무 뒤에서 무언가가 움직인다면 어떨까요? 예를 들어, 나무 뒤에서 호랑이가 불쑥 나타나 우리를 향해 빠르게 달려오면 어떨까요? 생존에 있어서

이는 매우 중요한 정보일 텐데, 다행히 한 프레임과 그다음 프레임의 차이 값을 계산해 정보로 받아들이면 이 움직임을 포착할 수 있을 것입니다. 다시 말해, 시간 축을 따라 정보의 차이가 발생했기 때문에 이러한 정보는 지워지지 않고 살아남지요.

반면 짧은 시간 동안 망막 안의 혈관들에는 별다른 차이가 생기지 않습니다. 혈관의 픽셀을 표현하는 수가 9라면 그다음에 나타나는 픽셀의 수도 9일 것이기에, 그 차이 값은 0이 됩니다. 따라서 30초 동안 그 차이 값만을 받아들인다면, 우리가 받아들이는 정보 값도 0이 될 것입니다.

뇌도 이 사실을 알고 있는 듯합니다. 즉, 정보들에 변화가 없으면 그 정보들은 중요하지 않다는 점 말입니다. 그리고 이러한 정보들은 압축하거나 지워버릴 수 있다는 점 말입니다. 우리가 망막 안의 혈관을 보지 않고 말끔한 풍경을 보는 이유가 바로 이러한 뇌의 단순하지만 심오한 전략 덕분이지요.

믿기 힘든 이 사실을 직접 확인할 수 있는 실험이 하나 있습니다. 조금 흐릿한 배경을 지닌 그림 10을 봅시다. 그리고 다른 곳으로 눈을 돌리지 말고, 10초 정도 가만히 가운데 위치한 덧셈 기호만을 집중해 보기를 바랍니다.

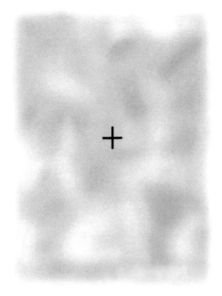

그림 10 덧셈 기호 주변 배경의 사라짐

그러면 덧셈 기호 주변의 배경이 사라지는 듯 보일 것입니다. (혹시라도 그림 10을 여러 번 보고도 실험에 성공하지 못한 독자는 인터넷으로 비슷한 그림을 찾아 컴퓨터 화면을 통해 동일한 실험을 해보세요. 정말 집중해 가운데를 바라보면 배경이 점점 사라지는 듯 보일 것입니다. 참고로, 덧셈 기호가 사라지지 않는 이유는 우리가 집중하는 영역에서 일반적으로 더 많은 정보가 들어오기 때문으로 보입니다.)

　　이제 우리는 왜 이런 현상이 일어나는지 설명할 수 있습니다. 우리가 덧셈 기호에 집중하면 배경에 변화가 생기지 않기 때문이지요. 다시 말해, 배경에 관한 한 프레임의 입력 값과 그다음 프레임의 입력 값의 차이가 0, 0, 0, …이면, 뇌는 중요하지 않은 정보라고 판단해 이를 지워버립니다. 간단한 실험을 통해서도 드러나듯이, 이 과정은 매우 자연스럽게 일어납니다.

　　그럼에도 다른 한편으로, 독자들은 이 실험을 완벽하게 수행할 수는 없다는 점도 깨달았을 것입니다. 배경은 시야에서 거의 지워지지만, 완전히 지워지지 않거나 다시 나타나기를 반복합니다. 이는 우리가 덧셈 기호를 아무리 집중해 보아도, 우리 눈이 끊임없이 조금씩 흔들리기 때문입니다. (전문적으로는, 이를 도약 안구 운동saccadic eye movement이라고 합니다.) 그러나 그림 10과 성격이 전혀 다른 착시 그림들도 있습니다. 그림 11을 봅시다.

　　이 그림은 기타오카 아키요시Kitaoka Akiyoshi의 〈회전하는 뱀들Rotating Snakes〉로, 우리 뇌가 불필요한 정보를 지워버리는 것뿐만 아니라 해석을 덧붙이기도 한다는 점을 보여줍니다. 이 착시 그림은 지면에 실린 것이기에 분명 물리적으로 움직일 수 없는데도, 우리 뇌는 이 그림을 움직이

그림 11 회전하는 뱀들

는 것으로 인식합니다. (작은 검정 원 하나에 주목하면 그 원을 중심으로 똬리를 틀고 있는 '뱀'이 움직이지 않는 것처럼 보일 텐데, 이것이 실제 그림의 모습입니다.)

그렇다면 왜 이런 일이 일어날까요? 우리 뇌가 우리의 감각기관인 눈을 믿지 않기 때문입니다. 다시 말해, 감각기관이 움직이는 대상을 정지한 대상으로 잘못 받아들였다고 판단하고, 뇌가 정보를 수정하고 보완하는 것이지요.

존재하지 않는 것을 보는 동물,
호모 사피엔스

이로써 우리 호모 사피엔스가 가진 가장 탁월한 능력 하나가 드러났습니다. 바로 존재하지 않는 것을 볼 수 있는 능력 말입니다. 우리에게는 존재하지 않는 것을 상상하고 믿는 능력이 있습니다. 하지만 바로 이 때문에, 우리는 이미 지나간 일을 후회하거나 아직 일어나지도 않은 일을 앞서 두려워하기도 합니다.

예를 들어, 그림 12에서는 흐릿하게 하얀 역삼각형이 보이는 듯합니다. 그러나 실제로 그림 안에 역삼각형은

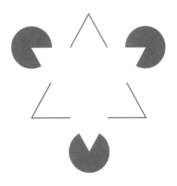

그림 12 착시로 나타나는 역삼각형

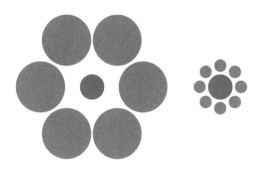

그림 13 동그라미 크기에 관한 착시

존재하지 않습니다. 팩맨[Pac-Man] 모양의 검정 도형들 3개와 60도로 구부러진 막대 3개가 있을 뿐이지요. 그렇다면 우리에게 보이는 하얀 역삼각형은 무엇일까요? 흥미롭게도, 이는 주변 정보를 가지고 우리 뇌가 만들어 내는 환시로 알려져 있습니다.

한편, 그림 13에서는 보라색 동그라미 2개의 크기가 서로 달라 보이지만, 실제로는 둘의 크기는 같습니다. 동일한 크기임에도 왜 서로 달라 보일까요? 이는 뇌가 세상을 절댓값으로 보지 않기 때문입니다. 다시 말해, 망막 안의 혈관과 맹점을 지우기 위해 하나의 시각 정보와 다른 시각 정보의 차이 값을 계산한 것처럼, 뇌는 언제나 세상을 비교를 통해 바라봅니다. 시각 정보들을 비교해 먼저 결론을 내리고, 우리로 하여금 세상을 그 결론에 맞추어 인식하게끔 만드는 것이지요.

예를 들어, 그림 13에서 왼쪽의 보라색 동그라미는 그보다 큰 다른 동그라미들에 의해 둘러싸여 있습니다. 이때 뇌는 상대적으로 큰 원들 사이에 상대적으로 작은 원이 위치해 있기에 보라색 원이 '작다'는 결론을 먼저 내립니다. 그러고 나서는 보라색 원을 우리 눈에 더 작게 보이게 만듭니다. 반면 오른쪽의 보라색 동그라미는 그보다 작은 다른 동그라미들에 의해 둘러싸인 탓에, 뇌는 보라

그림 14 미국항공우주국이 촬영한 화성의 표면

그림 15 착시를 일으키는 토스트

색 원이 '크다'는 결론을 내리고 우리 눈에 그 원이 크게 보이도록 팽창시킵니다.

존재하지 않는 것을 보는 이러한 능력 때문에 수많은 음모론이 만들어지기도 하지요. 아직까지도 많은 이들이 미국항공우주국National Aeronautics and Space Administration, NASA에서 촬영한 화성의 표면 사진에서 사람의 얼굴이 보인다고 보고합니다. 갓 구운 토스트에서 예수나 마리아의 모습이 보인다며 이를 경매에 내놓은 이들도 적지 않지요. (앞서 이야기했듯이, 인간의 뇌에는 방추상얼굴영역라는 영역이 있는데 이는 온갖 사물과 풍경 속에서도 유난히 얼굴의 형태에만 집착합니다.)

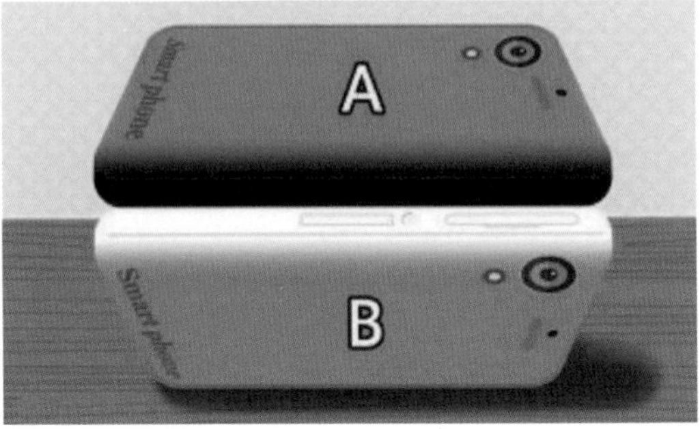

그림 16 스마트폰 색에 대한 착시

인터넷에서 인기 있었던 또 다른 착시 그림을 봅시다. 그림 16에는 스마트폰이 위, 아래로 2개가 있습니다. 분명 독자들에게는 스마트폰 A보다 스마트폰 B가 더 밝게 보일 것입니다. 그 차이가 명확해서 하나는 짙은 회색으로, 다른 하나는 흰색으로 보일 정도입니다. 그런데 사실 두 스마트폰은 같은 색입니다. '뭐라고? 같은 색이라고?' 그렇습니다. 같은 색입니다. 의심스러운 독자들은 그림 17과 같이 스마트폰 A와 스마트폰 B의 경계를 다른 사물로 가려보시기를 바랍니다.

이는 흥미로운 현상임에 틀림없지만, 우리가 정말 주목하고 곱씹어야 할 사실은 우리 뇌가 단순히 착시를 일

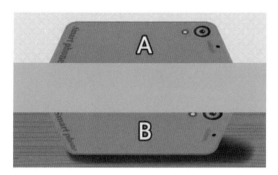

그림 17 스마트폰 색에 대한 착시 없애기

으킨다는 점이 아닙니다. 우리가 착시라는 것을 알고 있음에도 불구하고 우리가 다시금 착시에 빠져든다는 점입니다. 심리학에서는 때때로 지식과 정보가 쌓일수록 세상이 다르게 보인다고 이야기하는데, 뇌과학을 통해 우리는 어떤 문제를 알게 되더라도 이로부터 벗어나기 어렵다는 점, 때로는 불가능하다는 점을 발견하게 됩니다.

기울어진 현실

실제 세상의 왜곡이 비단 시각과 관련해서만 일어나는 일

그림 18 이 머그잔은 얼마일까?

은 아닙니다. 예를 들어, 어떤 두 사람에게 동일한 액수의 돈을 각각 쥐어주어도, 그 주변의 다른 사람들이 돈을 얼마나 가지고 있는지에 따라 그들은 스스로 가난하거나 경제적으로 여유롭다고 판단합니다. 그러나 왜곡된 현실에 대한 보다 강력한 예는 따로 있지요.

그림 18 속 머그잔을 보고 스스로 한번 물어봅시다. '이 머그잔은 얼마나 할까?' 실험 참가자인 우리는 머릿속으로 적당한 가격을 매겨볼 수 있습니다. 예컨대 그 가격이 5,000원이라고 해봅시다.

이제 다른 그룹의 실험 참가자들에게도 똑같은 머그

잔을 보여주고 스스로 묻게 해봅시다. 단, 조건 하나를 추가합니다. 즉, 머그잔이 이제부터 그들의 것이라고 말해줍니다. 그러면 '이 머그잔은 얼마나 할까?' 그들은 머그잔의 값을 5,000원보다 더 높게 매깁니다. 얼마나? 비슷한 실험을 여러 번 진행하면, 원래 그룹과 비교해 평균적으로 30퍼센트 더 높게 매깁니다.

현실을 왜곡하는 우리 뇌 안의 강력한 알고리즘 중 하나가 바로 이것입니다. '내 것을 더 좋아하라!' 심지어 우리는 우리 것이라고 상상하기만 해도 대상의 가치를 더 높이 평가하는 경향이 있습니다. 꽤나 기괴하지 않은가요?

이 점을 염두에 두면, 넷플릭스^{Netflix}와 같은 OTT$^{over-the-top}$ 서비스들이 왜 사용자에게 첫 달을 무료로 이용하게 해주는지 그 이유가 드러나지요. 한 달 가까이 서비스를 무료로 이용하다 보면, 사용자는 해당 서비스가 자기 것이라고 착각하며 원래 내고자 했던 가격보다 흔쾌히 30퍼센트 정도 더 많이 내기 때문입니다.

자동차 딜러들도 기본적으로 동일한 전략을 사용합니다. 매장으로 새 차를 사러 가면, 딜러는 고객에게 시험 삼아 운전해 보라고 권유합니다. 왜? 고객이 차 안에 들어가 핸들을 잡고 가까운 거리를 운전하고 돌아오면 어느 새 무의식적으로 차가 자기 소유라는 착각에 빠지게 되고, 그로 인해 더 많은 돈을 지불할 의사가 생기기 때문입니다.

문제는 우리가 현실을 왜곡해 받아들이는 이러한 하드웨어적인 특성들이 심각한 사회적 문제로까지 이어진다는 점에 있습니다.

예를 들어, 실험 참가자들을 모아놓고 축구 경기 영상을 보여준다고 가정해 봅시다. 그들은 선수들이 누구인지도 모른 채, 그저 노랑 팀과 빨강 팀이 경기하는 모습을 지켜봅니다. 그런데 경기 도중 노랑 팀 선수가 부상을 당하고 고통을 호소합니다. 이때 실험 참가자들에게 '노랑 팀 선수가 얼마나 아플까요?' 하고 물으면, 비교적 객관적으로 답하기 마련입니다.

이번에는 다른 실험 참가들을 모아놓고 동일한 축구 경기 영상을 보여준다고 가정해 보지요. 이때 이들을 두 집단으로 갈라 임의적으로 한 팀을 응원하도록 하면, 일반적으로 전혀 다른 결과가 나옵니다. 경기 도중 노랑 팀 선수가 부상을 당하고 고통을 호소하면, 노랑 팀을 응원하는 집단은 노랑 팀 선수의 고통을 이전 실험 참가자들보다 더 심각하게 받아들입니다.

예컨대 '전혀 아프지 않음'과 '매우 고통스러움'에 각각 0점과 3점을 부여하도록 하면, 앞선 실험 참가자들은 부상당한 노랑 팀 선수의 예상 고통에 대해 1.5라고 답합니다. 그러나 동일한 영상을 시청하고도, 임의로 노랑 팀을 응원하던 참가자들은 2.5라고 답하며 임의로 빨강 팀을 응원하던 참가자들은 0.5라고 답합니다. 이는 아주 흥미로운 결과인데, 그들이 응원하는 팀이 전적으로 임의적이었다는 점에서 그렇습니다. 다시 말해, 그들은 사전에 노랑 팀 선수들과 빨강 팀 선수들이 누구인지 전혀 알지 못했음에도 선수의 고통을 상대적으로 받아들입니다.

왜 이런 현상이 나타날까요? 현실을 해석하는 우리 뇌 안의 강력한 알고리즘, 바로 편 가르기 때문입니다. 자기 편과 남의 편으로 가르는 편 가르기는 뇌과학적으로 인간이 지닌 일종의 착시인데, 이는 우리 스스로 자신의 믿음을 가장 주의해야 하는 이유가 됩니다. 편 가르기의 극단적인 형태는 자신와 그 밖의 이들을 가르는 것일 텐데, 이는 자신에게 너그러워지는 한편 자신의 생각이 지닌 오류는 보지 못하도록 만들기 때문이지요. 자신의 믿음이 틀리더라도, 편 가르기와 그에 따른 현실의 왜곡이 이를 인식하기 매우 어렵게 만드는 것입니다.

이제 걱정되지 않나요? 무의미한 축구 경기가 시작되기 10분 전에 이루어진 의미 없는 편 가르기가 세상을 이토록 다르게 보이게 만든다면, 수백 년 전부터 서로 다른 편으로 갈라진 국가들이나 민족들, 수천 년 전부터 분화된 문화권, 수십만 년 전부터 서로 갈라진 다양한 인종들도 그만큼 서로 다른 왜곡된 현실을 살아가며 서로를 오해하고 있지는 않을까요?

결국 2장과 3장의 내용을 다음과 같이 한 문장으로 요약할 수 있습니다.

현실은 뇌에서 만들어진다.

물론 우리의 경험과 무관한 실제 세상이 존재할 것입니다. 우리 바깥에 무언가는 있겠지요. 그러나 뇌는 우리 바깥의 실제 세상을 있는 그대로 받아들이지 않고, 유전, 교육, 환경 등 다양한 요인들을 기반으로 재구성해 받아들입니다. 크다, 작다, 좋다, 나쁘다, 내 편, 네 편과 같은 거시적인 결론을 먼저 내리고, 그에 따라 디테일을 만들어 내지요. 다시 말해, 우리가 경험하는 것은 있는 그대로의 세상이 아니라 뇌가 구성한 현실인 것입니다.

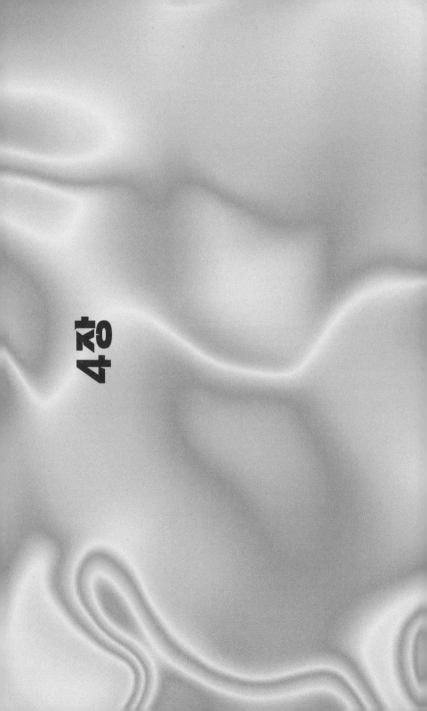

4장

기계가 만들어 내는

현상들

인간의 뇌가 세상을 있는 그대로 받아들이지 않고 우리의 고유한 현실을 만들어 낸다면, 자신의 고유한 현실을 만들어 내는 기계를 제작하는 것도 가능할까요? 우리는 이런 기계를 '인공지능'이라고 부릅니다. 참고로, 우리가 인공지능에 대해 이야기할 때 '기계 학습' 또는 '머신 러닝machine learning', '심층 학습' 또는 '딥 러닝deep learning' 등 여러 단어들을 혼용해 사용하지만 이 단어들의 의미가 서로 완전히 동일하지는 않기에, 인공지능에 관한 다양한 개념들을 미리 알아두는 것이 편리합니다.

먼저 범용 인공지능^{artificial general intelligence} 또는 강한 인공지능^{strong AI}은 인간 수준이나 그 이상의 지능을 지닌 인공지능을 말합니다. SF 영화 〈매트릭스〉나 〈터미네이터 ^{Terminator}〉에 등장하는 인공지능을 떠올리면 이해하기 쉬울 것입니다. 그러나 이런 수준의 인공지능은 21세기의 지구에 존재하지 않습니다. 오늘날의 기술로 제작하는 것이 불가능할 뿐만 아니라, 만들어질 수 있는지조차 불분명하지요.

한편, 1950년대부터 1980년대까지 30여 년 동안 우리가 사용한 인공지능은 규칙 기반 인공지능^{rule-based AI} 또는 기호 기반 인공지능^{symbolic AI}이었습니다. 당시에는 개발자 또는 과학자가 기계에게 일일이 세상을 설명해 주었습니다. '고양이는 동물이다. 고양이의 다리는 4개다.' 그러나 이런 방식으로 기계에게 아무리 설명해 주어도 기계가 기계 나름의 현실을 만들어 내지 못하자, 규칙 기반 학습의 시대는 점점 저물어 갔습니다.

1980년대에 들어서는, 기계 학습 또는 딥 러닝 분야가 떠오르기 시작했습니다. 기계 학습은 기계에게 세상에 대해 일일이 설명해 주는 것이 아니라, 학습 기능만 부여하고 기계 스스로 세상을 학습하도록 유도하는 방법입니다. 아이디어는 나쁘지 않았습니다. 그러나 규칙 기반 학습과 마찬가지로, 기계 학습 방법도 약 30년 동안의 시도 끝에 좌절되었지요.

실패의 원인은 기계 학습이라는 아이디어가 아니라 기계를 학습시키는 데 필요한 데이터의 양에 대한 잘못된 판단에 있었습니다. 예를 들어, 고양이 사진 100장과 강아지 사진 100장을 학습 데이터로 주고 고양이나 강아지를 구별하는 과제를 내주면, 컴퓨터는 고양이와 강아지를 구별해 내지 못했습니다. 실패한 것입니다.

그러나 2010년대부터, 기계 학습의 위상은 완전히 달라졌습니다. 이른바 '심층 학습'이 가능하도록 알고리즘이 정교해졌지만, 기본적인 아이디어는 1980년대의 것과 거의 동일합니다. 급격한 변화는 알고리즘보다도 데이터로부터 나타났습니다. 인터넷이 등장해 보통 사람들에게 보급된 것이지요. (그로 인해 사용 가능한 데이터의 양이 급격하게 증가했습니다.) 고양이 사진 100장이 아니라 100만 장을 입력하자, 알고리즘은 고양이를 인식하기 시작했습니다.

오늘날 우리가 '인공지능'이라고 부르는 알고리즘은 심층 학습 또는 딥 러닝 기법을 따릅니다. 심층 학습은 고층의 인공 신경망artificial neural network을 학습시키는 기계 학습 방법들 가운데 하나입니다. 이를 통해 기계 스스로 엄청난 양의 데이터의 패턴으로부터 통계적인 규칙을 인식하고, 아직 알지 못하는 새로운 데이터를 예측하는 능력이 가능해진 것이지요.

모라벡의 역설

흥미롭게도, 인공지능과 인공지능에 관한 연구가 발달함에 따라 한 가지 문제점이 수면 위로 떠올랐습니다. 바로 인간에게 쉬운 것은 컴퓨터에게 어렵고, 컴퓨터에게 쉬운 것은 인간에게 어렵다는 역설이었습니다. 카네기멜론대학교의 한스 모라벡Hans Moravec 교수가 1970년대에 이 문제를 명시적으로 지적해, 오늘날에는 이를 '모라벡의 역설Moravec's Paradox'이라고 부릅니다.

예를 들어, 인간에게 걷기는 비교적 매우 쉬운 일입니다. 어린아이들조차 울퉁불퉁한 도로를 걷는 것을 어려워하지 않습니다. 그러나 불과 몇 년 전만 하더라도 걷기 과제는 기계들에게 재앙이나 다름없었습니다. 로봇들은 균형을 잃고 고꾸라지거나 나자빠졌지요.

고양이와 강아지를 구별하는 과제, 여자와 남자를 구별하는 과제도 마찬가지였습니다. 초당 1,000조 번의 연산 처리가 가능한 페타플롭스^{petaflops} 수준의 슈퍼컴퓨터들조차 몇 년 전까지만 하더라도 이 과제들을 제대로 수행해 내지 못했습니다.

반면 기계가 잘하는 것, 예컨대 수학 문제를 계산하거나, 정보를 정확하게 불러오는 것, 많은 양의 데이터를 빠르게 처리하는 과제는 인간이 수행하기에는 매우 어려운 일입니다. 왜 인간에게 쉬운 과제는 기계에게 어렵고, 기계에게 쉬운 과제는 인간에게 어려울까요? 그 이유는 아무도 몰랐습니다.

최근 들어서야 컴퓨터과학자들은 그 이유를 이해하기 시작했는데, 이는 데이터의 속성과 관련 있습니다. 데이터가 지닌 정보의 성격에 따라 데이터는 크게 두 가지, 즉 정량화 가능한 데이터와 정량화 불가능한 데이터로 나눕니다. 여기서 정량화 가능한 데이터 또는 구조화된 데이터^{structured data}는 수치나 수식으로 설명이 가능한 데이터를 말하며, 정량화 불가능한 데이터 또는 구조화되지 않은 데이터^{unstructured data}는 그렇지 않은 데이터를 말합니다.

흔히 지금 이 시대를 '빅 데이터^{big data}의 시대'라고 말

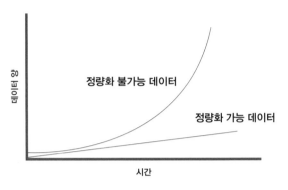

그림 19 정량화 가능/불가능 데이터

합니다. 전 지구는 그야말로 엄청난 양의 데이터로 가득하며, 그 양은 시간에 따라 가파르게 증가하고 있습니다. 오늘날 전 세계에는 100제타바이트^{zetabyte}, 그러니까 약 10^{22} 바이트의 데이터가 존재하는 것으로 알려져 있습니다.

　　그러나 엄밀히 말해서, 이는 정량화 가능한 데이터 또는 구조화된 데이터와 정량화 불가능한 데이터 또는 구조화되지 않은 데이터를 합산한 것입니다. 그림 19에서 보이는 것처럼, 정량화가 가능한 데이터는 전체 데이터 가운데 10퍼센트도 되지 않지요.

　　나머지 90퍼센트는 정량화가 불가능한 데이터, 구조화되지 않은 데이터입니다. 키나 몸무게와 같이 하나의 수

치로 표현할 수 있는 데이터와 대조적으로, 이는 사진, 동영상, 언어, 목소리, 감정, 선호도와 같이 하나의 수치나 수식으로 표현하기 어려운 데이터로 이해할 수 있습니다.

문제는 컴퓨터가 정량화 가능한 데이터만 분석할 수 있었다는 점입니다. 다시 말해, 2010년대 이전까지 컴퓨터는 빅 데이터가 아닌, 말하자면 스몰 데이터small data만 분석할 수 있었을 따름입니다. 더 큰 문제는 그림 19에서처럼 정량화 가능한 데이터보다 정량화 불가능한 데이터가 더욱 가파르게 증가한다는 점이었습니다.

정량화가 가능하지 않다는 것이 무슨 뜻인지 아직 와닿지 않는 이들을 위해, 이를 한번 구체적으로 살펴봅시다. 우리는 다양한 형태, 다양한 모습의 개를 보고도 문제없이 개라고 인식합니다. 그런데 개를 알아보는 이 과제가 인간에게는 아주 쉬운 일이지만 기계에게는 매우 어려운 문제입니다. 왜 그럴까요? 이전까지 인공지능 분야에서 기계가 개를 알아보기 위해서는, 먼저 우리가 기계에게 개가 무엇인지 정량화해 알려줘야 했기 때문이지요.

그런데 이것이 가능하지 않습니다. 왜? 우리 스스로도 개가 무엇인지 설명하지 못하기 때문입니다. 한번 시도해 볼까요? '개는 네발 동물이다.' 그러나 고양이와 생

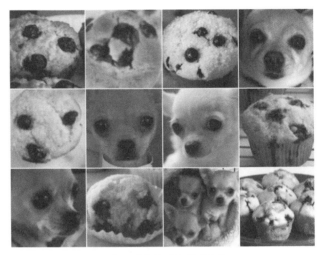

그림 20 다음 중 개는 무엇일까?

쥐도 네발 동물입니다. 조금 더 시도해 보지요. '개는 빳빳하거나 늘어진 두 귀, 털로 뒤덮인 꼬리, 툭 튀어나온 코를 지닌 네발 동물이다.' 눈치챘겠지만, 이것 역시 개에 대한 올바른 정의라고 말하기 어렵습니다.

문제는 이런 방식으로 더 엄밀하고 올바른 설명을 만들어 주어도, 이러한 설명만으로는 기계가 개를 알아볼 수 없다는 점입니다. 개는 가만히 있지 않습니다. 개가 뒤돌아서면, 다리 하나가 보이지 않거나 코가 보이지 않을 수 있습니다. 반대로 정면을 향해 있다면, 꼬리가 보이지 않거나 코가 뭉툭해 보일 수 있지요.

이 문제를 해결하더라도, 우리는 곧바로 또 다른 문제에 직면합니다. 귀는 무엇인가? 꼬리는 무엇인가? 코는 무엇인가? 더 나아가 고양이, 생쥐, 생선은 무엇인가? 결론적으로, 전체 데이터 가운데 90퍼센트의 데이터에는 이렇게 무수한 다양성이 자리하고 있습니다. 따라서 이와 같은 방법으로는 사실상 완전한 정량화가 불가능합니다.

기계 학습의 새로운 서막, 인공 신경망

그렇다면 인간은 이 문제를 어떻게 해결했을까요? 이 질문이 기계 학습과 심층 학습의 새로운 서막이었습니다. 2012년, 토론토대학교의 제프리 힌튼Geoffrey Hinton 교수 팀은 과거의 학습 기반 인공지능 기법들 가운데 하나인 인공 신경망 방법을 발달시켜, 진화된 인공 신경망을 만들고 학습시켰습니다. 인공지능에게 일일이 설명해 주는 방식에서 벗어나, 수백만 장, 수천만 장의 사진들을 학습 데이터로 활용해 인공 신경망을 학습시킴으로써, 인공 신경망이 엄청난 양의 이미지를 올바르게 인식하도록 만든 것이지요.

인공 신경망은 블랙박스나 다름없습니다. 인공 신경망 안에 수많은 인공 신경세포들이 서로 연결되어 있지만, 어떻게 연결되어 있는지를 우리가 알지 못하기 때문입니다. 처음에 신경세포들은 임의적으로 연결됩니다. 그래서 인공 신경망은 어떤 물체의 이미지를 보더라도 그것이 무엇인지 인식하지 못하고 오답을 내지요.

이때 바로 지도 학습supervised learning이 필요합니다. 즉, 정답을 아는 교사가 개입해 기계에게 고양이를 설명해 주

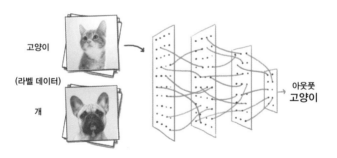

그림 21 지도 학습

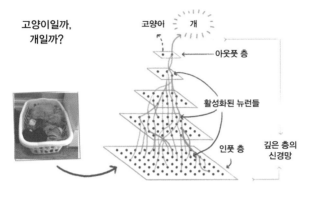

고양이일까, 개일까?

고양어 · · · 개 (아웃풋 층)

아웃풋 층

활성화된 뉴런들

인풋 층 · · · 깊은 층의 신경망

그림 22 학습된 인공 신경망

거나 고양이 사진 안에 '고양이'라고 정답을 포함시키는 것입니다. (참고로, 이렇게 정답이 포함된 데이터를 '라벨 데이터 labeled data'라고 합니다.) 오늘날 우리가 사용하는 대부분의 기계 학습에는 이러한 지도 학습이 포함됩니다.

자, 그다음 해야 할 일은 무엇일까요? 기계가 정답과 오답의 차이를 계산하는 것입니다. 즉, 정답인 라벨 데이터와 인공 신경망이 내놓은 오답 사이의 차이 값을 계산합니다. 인공 신경망은 이 차이 값에 따라 인공 신경세포들의 연결을 수정하는데, 이 과정은 차이 값이 0이 될 때까지 계속됩니다. 학습이란 다름 아닌 정답과 비교해 오답을 개선하는 것에 지나지 않기 때문이지요. 그런데 이를 수학적으로 이해하기는 어렵지 않더라도 실제로는 그 계산량이 어마어마합니다. 다행히도 GPU^{Graphics Processing Unit}라는 병렬 컴퓨터의 등장 덕분에, 상당히 까다롭고 복잡한 계산도 며칠 만에 해낼 수 있게 되었습니다.

인공 신경망의 학습이 끝나고 우리가 해야 할 일은 무엇일까요? 인공 신경망이 실제로 추론하는 것이 가능한지 테스트하는 것입니다. 다시 말해, 인공 신경망에게 한 번도 보여주지 않았던 새로운 물체를 제시하는 것이지요. 놀랍게도, 적절하게 학습된 인공 신경망은 새로운 사진을 보고도 그것이 고양이 사진인지 아닌지를 식별해 냅니다.

과거에 우리는 인공지능에 규칙^{rule}을 집어넣었습니다. 그러나 60여 년 동안의 갖은 노력에도 불구하고, 규칙을 입력하는 방법으로는 인공지능이 올바른 데이터를 뽑아내도록 만들 수 없었습니다.

적어도 2012년부터 우리는 인공지능에 막대한 양의 데이터를 집어넣기 시작했습니다. 그러자 기계가 규칙을 찾아냈습니다. 규칙과 데이터의 관계를 거꾸로 바꾸었을 뿐인데, 지난 60여 년 동안 해결되지 않았던 문제들이 지난 10여 년 동안 대부분 해결되었지요.

예를 들어, 얼굴 인식만 하더라도 이제는 헤어스타일

이나 옷차림을 바꾸더라도 인공지능이 기계 학습을 통해 동일 인물이라는 것을 알아봅니다. 젊은 시절의 해리슨 포드$^{Harrison\ Ford}$와 한참 나이 들었을 때의 해리슨 포드를 동일 인물이라는 점을 인식하고, 나아가 자동차, 자전거, 보행자를 식별하지요. 완전한 자율주행차$^{self-driving\ car}$를 구체적으로 상상해도 이상하지 않은 날이 온 것입니다.

흥미롭게도, 규칙과 데이터의 관계가 반대로 달라지자 규칙에 대한 컴퓨터과학자들의 태도 또한 반대로 바뀌었습니다. 컴퓨터과학자들이 완전히 알려진 규칙을 기계에 넣지 않다 보니, 인공지능이 내놓은 규칙을 처음부터 완전히 이해하지는 못하게 되었지요. 이제 그들은 기계가 왜 이런 규칙을 내놓았는지, 기계가 출력한 결과 값이 왜 이것이 아닌 저것인지를 연구합니다.

가짜 생성하기

이전까지 기계는 앞을 보지 못했습니다. 기계가 세상을 보지 못하니까, 인간이 세상을 알아보고 정량화 가능한 10퍼센트의 데이터를 정량화해 기계에 입력해 주었습니다. 기계는 이러한 데이터를 처리할 뿐이었지요. (이런 과정을 '정보 처리information processing'라고 합니다.) 그러나 이제는 기계가 세상을 알아보는 시대에 들어섰습니다. 그렇다면 우리에게는 질문 하나가 자연스레 떠오릅니다.

데이터를 통해 기계가 규칙을 만들어 낸다면,
그 규칙을 통해 완전히 새로운 데이터를
만들어 내는 것도 가능할까?

이와 관련해, 2014년에 매우 흥미로운 사건이 있었습니다. 21세기에 심층 학습이 다시 부상하기 시작했을 때, 우리가 처음 해결하고자 한 과제는 물체 인식이었습니다. 그런데 약 60여 년 동안 풀지 못한 이 문제가 해결되자, 기대하지도 않았던 다른 과제가 해결되기 시작했지요. 새로운 데이터를 생성하는 과제 말입니다.

이 과제를 수행하는 가장 유명하고도 강력한 알고리즘 가운데 하나를 소개합니다. 바로 생성적 적대 신경망 generative adversarial network, GAN입니다.

그림 21은 기존의 기계 학습 알고리즘의 모습입니다. 고양이에 대한 설명 없이 라벨이 붙은 수백만 장의 고양이

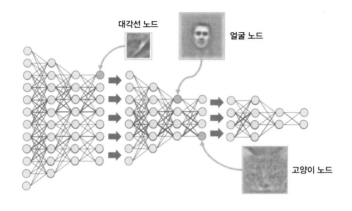

대각선 노드

얼굴 노드

고양이 노드

그림 23 생성적 적대 신경망의 인식기와 생성기

사진만을 학습 데이터로 사용해, 정답과 오답의 차이 값을 통해 인공 신경세포들 간의 연결을 최적화하는 알고리즘 말입니다.

이 알고리즘은 GAN에서도 똑같이 사용되는데, 물체를 인식하는 부분이기에 특별히 '인식기discriminator'라고 불립니다. 그리고 GAN의 경우에도, 인식기에 수백만 장의 이미지들, 예컨대 얼굴 사진들을 보여주고 얼굴이 무엇인지 인식기가 학습하도록 합니다.

그런데 GAN은 인식기 말고도 두 번째 알고리즘, 즉

생성기^{generator}를 지니고 있습니다. 생성기는 학습을 거치지 않았기 때문에 얼굴이 무엇인지도 모르고 처음에는 데이터를 무작위로 찍어내지요. 그러나 중요한 것은 생성기가 만들어 낸 데이터를 인식기가 판별해 준다는 점입니다.

조금 더 구체적으로 살펴봅시다. 생성기에게 얼굴을 만들어 보라고 명령하면, 처음에는 생성기가 무작위로 데이터를 생성합니다. 그러면 인식기는 무작위로 생성된 데이터가 얼굴이 아니라고 판단합니다.

결과적으로 이는 인식기와 생성기를 경쟁 붙이는 것이나 다름없습니다. 생성기는 실제 얼굴이 아닌데 얼굴인 척하는 가짜 데이터를 생성하는 것이고, 인식기는 자신이 학습한 실제 얼굴들을 바탕으로 진짜 얼굴과 가짜 얼굴을 가려내고자 합니다. 그러나 생성기의 생성 데이터가 실제 이미지와 다를 바 없어지면, 인식기는 더 이상 그 둘을 확률적으로 구별할 수 없게 되고, 생성기도 학습을 끝마칩니다. 이로써 진짜인지 가까인지 구별할 수 없는 새로운 이미지를 만들 수 있게 된 것이지요.

그림 24 속 인물들 가운데 어떤 얼굴이 진짜 사람의 얼굴인지 한번 맞혀보시기를 바랍니다. 정답을 맞히기 어려울 것입니다. 모두 진짜 사람의 얼굴이 아니기 때문입니

그림 24 GAN이 생성한 가짜 얼굴들

다. 다시 말해, GAN으로 생성한 가짜 얼굴들입니다. 이렇게 만들어 낸 가짜 얼굴들에는 두 가지 재미있는 특징들이 있습니다.

첫째, 모두 너무 진짜 같다는 점입니다. 기존의 컴퓨터그래픽스, 예컨대 픽사Pixar Animation Studios나 월트디즈니컴퍼니The Walt Disney Company가 제작한 컴퓨터그래픽스는 코드로 작성된 것입니다. 그러나 아무리 정교하게 코딩해도 기존의 얼굴 이미지는 왠지 어색합니다. 반면, 기계 학습 알고리즘으로 제작한 얼굴 이미지는 실제 얼굴과 구별할 수 없을 정도로 어색함이 없습니다. (제 지인 중 한 명은 GAN 으로 생성한 여성의 얼굴 하나 지목하며 자신의 이상형이라고 말한 적도 있습니다.)

둘째, 대부분 예쁘거나 잘생겼다는 점입니다. 왜 그 럴까요? 보통 인식기를 처음 학습시킬 때, 할리우드의 영 화배우들과 같이 일반적으로 잘생기거나 예쁘다고 판단 되는 얼굴을 바탕으로 학습시키기 때문입니다.

GAN과 같은 알고리즘이 지닌 장점은 무엇일까요? 새로운 얼굴 하나를 만들 수 있으면, 3개도 만들 수 있고 나아가 100만 개도 만들 수 있다는 점입니다. 더 나아가, 우 리는 수염을 기르거나, 안경을 끼거나, 인종을 바꾸는 것과 같이 이러한 이미지들에 조건을 부여할 수도 있습니다.

물론 알고리즘은 얼굴만 만들지 않습니다. 가구부터 풍경까지, 우리가 데이터로 입력할 수 있는 거의 모든 것 을 새롭게 만들어 낼 수 있습니다. 영화 〈어벤져스Avengers〉 에 등장하는 것과 같은 대규모 전투 신을 가상의 공간에 서 실재하지 않는 인물들이 수행하는 날도 머지않았는지 모르겠습니다.

결론적으로, 지금은 기계가 새로운 데이터를 만드는 시대입니다. 현실과 구별하기 어렵거나 불가능한, 새로운 데이터 말입니다. 따라서 우리가 살아갈 미래는 실제 세계와 가상 세계가 결합된 혼합적 다중 현실로 나타날 것이라고 짐작해 볼 수 있습니다. 아니, 그 현실은 이미 우리 곁에 도착했는지도 모릅니다.

5장

30만 년 동안의 고독

'AI'는 더 이상 인공지능만을 지칭하지 않습니다. 이제는 인공 인플루언서artificial influencer, 즉 소셜 미디어에서 주목받고 광고에 출연하는 가상의 인물들을 지칭하기도 합니다. '메타 휴먼metahuman'으로도 불리는 이 디지털 휴먼digital human 들 가운데 한국의 래아와 로지, 일본의 가상 모델 이마, 미국 기업 브러드Brud의 미켈라가 대표적입니다.

   이들은 광고주들에게 더할 나위 없이 완벽한 광고 모델입니다. 마약이나 음주 운전에 손댈 위험이 전혀 없

그림 25 미켈라와 이마

으면서도, 소비자 맞춤형으로 말하고 행동할 수 있기 때문이지요. 한 가지 예로, LA에 거주하는 19세 소녀로 알려진 미켈라는 이미 캐나다 출신 가수인 드레이크^{Drake}의 신규 앨범에 참여했을 뿐만 아니라, 패션 잡지《보그^{Vogue}》와 패션 브랜드인 샤넬^{Chanel}과 지방시^{Givenchy}의 모델로도 활동한 바 있습니다. 2022년 기준으로, 그녀의 인스타그램 팔로워 수는 300만 명에 달합니다.

그러나 디지털 휴먼들은 다가오는 새로운 현실의 예고편에 불과합니다. 앞서 이야기했듯이, 포스트팬데믹 시대에 탈현실화는 급속도로 가속화되어 다중 현실의 모습으로 나타날 것입니다.

이것이 무슨 말일까요? 이를 알기 위해서는 인류의 역사를 다시 한번 돌아볼 필요가 있습니다.

30만 년 동안의 고독

호모 사피엔스는 약 30만 년 전 동아프리카에서 처음 등장했습니다. 그리고 이후 대부분의 시간 동안 유목민으로 생활했지요. 어느 한곳에 오래 정착하지 않고, 매번 새로운 곳으로 이동해 사냥하고 채집하며 살아간 것입니다.

추측하건대, 그들은 어린 짐승을 포함한 주변의 많은 동물들과 식물들을 사냥하고 채집했을 것입니다. 그러다 보니 일정한 기간이 지난 다음에는 매번 새로운 보금자리를 찾아 떠나야 했을 것입니다. 이전 보금자리 주변의 동물들과 식물들은 아직 충분히 자라지 않았기에, 이미 지나온 자리로 되돌아갈 수는 없었기 때문이지요. 그렇게 오랜 시간이 흘러, 그들은 유라시아의 가장자리에 위치한 한반도로 유입되었습니다.

이는 시뮬레이션으로도 확인해 볼 수 있습니다. 컴퓨

터로 시뮬레이션해 보면, 자기 힘으로 걸어 들어갈 수 없는 깊은 바다, 높은 산, 메마른 사막과 같은 장소를 제외하고, 인간은 테라 인코그니타[Terra Incognita], 즉 미지의 영역으로 계속 뻗어나갑니다. 아주 예외적인 경우가 아니라면, 그들은 결국 전 세계로 퍼집니다.

그런데 이러한 유목민들은 몇 가지 흥미로운 특징들을 가지고 있었습니다. 먼저, 그들에게는 집에 대한 뚜렷한 개념이 없었습니다. 그들은 그저 며칠간 또는 몇 주간 한곳에서 잠을 자고, 다시 다른 곳으로 이동할 따름이었지요. 그들에게는 무언가를 소유한다는 개념도 희미했습니다. 많은 짐을 가지고 이동하는 것이 불편하기 때문이었을 것입니다. 따라서 이들의 사회는 원시적인 수준에서 비교적 평등한 사회였을 것으로 추측됩니다.

중요한 사실은 호모 사피엔스가 정착하지 못하고 끊임없이 이동하다 보니, 경험과 기억도 누적되지 않았다는 점입니다. 이는 동아프리카에서 출현하고 약 30만 년이 지나도록 우리 호모 사피엔스가 뚜렷한 기술적·문화적 발전을 보이지 못한 한 가지 이유일 것입니다.

그러나 인류의 이주 과정에서 가장 주목해야 할 점은 이주의 장소나 시간이 아니라, 이주하는 무리의 크기입니다. 그들은 가족이나 친족 단위, 즉 10명에서 50명 정도로 작게 무리 지어 이동했습니다. 따라서 이방인을 만날 확률이 매우 작더라도, 일단 그들을 마주치기만 하면 서로 나누거나 보살피는 좋은 일보다 서로 무언가를 빼앗거나 서로를 죽이는 나쁜 일이 벌어질 가능성이 더 컸을 것입니다. (이것이 우리 본성 안에 편 가르기가 내재하는 이유라고 추측해 볼 수 있지요.)

수백만 개의 집단이 가족 또는 친족 단위로 무리 지어 지구를 떠돌아다니는 모습을 상상해 보세요. 결과적으로, 그들의 현실은 가족과 친족을 단위로 형성되었을 것입니다.

불어나는
공동의 현실

현실은 소통을 필요로 합니다. 비슷한 대상을 보고 비슷한 언어를 사용해 비슷한 이야기를 주고받을 수 없다면, 우리는 현실을 공유할 수 없습니다. 혼자만 머릿속에 가지고 있는 꿈, 감정, 생각 그리고 현실은 다른 이들에게는 무의미합니다. 따라서 현실은 일종의 플랫폼platform에 가깝습니다. 수십만 년 동안, 인류는 서로 다른 언어와 전통 그리고 기억, 즉 플랫폼 안에서 가족이나 친족 단위로 흩어진 채로 지내온 것입니다.

남아메리카 대륙의 아마존강 유역에서는, 오늘날에도 다른 문화와 교류하지 않는 수많은 원주민들이 살아갑니다. '아마조나스Amazonas'라고 불리는 이 일대에서 쓰이는 언어의 수만 하더라도 약 3,400개에 달합니다. 물론, 과거에는 이보다도 월등히 많았겠지만.

아마조나스 안에서만 수천 개의 언어가 쓰인다면, 지난 30만 년 동안 지구 전체에서는 얼마나 많은 언어가 만들어지고 사라졌을까요? 아마도 적게는 몇만 개, 많게는 몇십만 개에 이를 것입니다. 따라서 플랫폼의 수, 즉 현실의 수도 그만큼 여럿이었을 것입니다.

그러나 지금으로부터 약 1만 년 전 또는 1만 2,000년 전에 중동 지역에서 획기적인 사건이 일어났습니다. 인간이 농사를 짓고 정착하기 시작한 것입니다. 물론 처음부터 이를 계획한 것은 아니고, 기후의 변화가 그들에게 크게 작용했을 것이라고 생각됩니다. 짐작하건대, 지구 기온이 따뜻해지자 씨앗이 쉽게 자라난다는 사실이 우연히 발견

되었을 것입니다. 그리고 그 발견이 사냥과 채집의 대안이라는 점도 상상하기 어렵지 않았을 것입니다. 말하자면, 그들은 기다리기만 해도 배불리 먹을 것이 저절로 자라나는 '킬러 애플리케이션killer application'을 발견한 셈이지요.*

오늘날에는 나투프 문명에서 정착이 처음 시작되었고 지금의 터키 지역인 괴베클리 테페나 차탈회위크와 같은 초기 신석기 문명들이 잇따라 정착한 것으로 알려져 있습니다. 중요한 사실은 이제는 인간이 가족의 규모가 아닌, 그보다 더 큰 규모로 집단을 이루기 시작했다는 점입니다.

수천, 수만 명이 같은 지역에 머물러 살자 또 다른 급격한 변화들이 나타났습니다. 첫째, 사람들이 한곳에 정착함에 따라 기억과 경험이 점점 누적되었습니다. 그리고 기술과 지식을 전수하는 일이 가능해지자 문명과 문화가 형성되었습니다.

둘째, 소규모 전투가 아닌 전쟁이 등장했습니다. 유목인으로 지내던 시기만 하더라도 한 무리와 다른 무리의 분쟁은 일시적이었습니다. 무리들이 서로 다른 장소로 이

* 킬러 애플리케이션이란 등장한 지 얼마 지나지 않아 기존의 애플리케이션들을 대체하는, 인기 있는 응용 프로그램을 말한다.

동해 나아갔기 때문이지요. 그러나 한자리에 정착하자 분쟁은 일상이 되었습니다. 한 무리가 비옥한 땅을 차지하고자 침입이라도 하면, 정착한 무리는 땅을 사수하기 위해 죽음을 무릅쓰고 싸워야 했습니다. 이제는 그들의 모든 소유물이 땅에 묶여 있었고, 땅을 잃으면 그들이 가진 모든 것을 잃는 것이나 다름없었기 때문이지요.

셋째, 계급이 형성되었습니다. 대규모 전투나 전쟁에는 여러 전략과 결정이 따릅니다. 예를 들어, 성벽을 쌓는 상황을 상상해 봅시다. 성벽을 쌓기 위해서는 무엇보다도 돌이나 나무가 필요합니다. 이 돌과 나무는 누가 구할 것인가? 물론 돌과 나무만 구한다고 성벽이 쌓이지는 않지요. 그렇다면 누가 돌과 나무로 성벽을 지을 것인가? 누가 이들을 보조하기 위해 농사를 지을 것인가? 오늘날에는 이러한 복잡한 결정들의 필요가 초기 계급사회의 형성에 중요한 역할을 한 것으로 알려져 있습니다. 그리고 계급의 등장과 부의 누적에 따라 자연스럽게 사회 불평등이 나타났습니다.

그러나 가장 커다란 변화는 가족이나 친족 단위로 형성되었던 다양한 현실들이 하나의 거대한 현실로 녹아들기 시작했다는 점입니다. 여러 갈래의 언어와 전통이 하나의 언어, 하나의 전통으로 용해되었지요. 그리고 글이 발명되고, 문명이 세워지면서 인류는 이제 다음과 같이 질문합니다. '우리는 어디에서 온 누구이고, 어디로 가고 있는 것일까?' 그에 따라, 비슷한 시기에 등장한 여러 문명들에서 이 질문에 답하는 창조 신화들도 등장하게 됩니다.

결론적으로, 오늘날 '문명'이라고 불리는 물질적, 기술적, 문화적 발전은 인류 공동 현실의 시작이었습니다. 눈덩이가 점점 불어나는 것처럼 가족과 친족 단위로 쪼개진 작은 현실들이 수천이나 수만 명, 더 나아가 수십만에서 수백만 명이 공유하는 하나의 현실로 불어났는데, 우리가 지난 1만 년 동안 경험한 것은 바로 이러한 공동 현실의 확장이었습니다.

이집트의 피라미드, 그리스와 페르시아의 전쟁, 이슬람 문명과 중세의 암흑기를 거치고, 르네상스, 프랑스혁명, 산업혁명, 러시아혁명을 지나, 제1차 세계대전과 제2차 세계대전의 홀로코스트가 벌어지고 핵무기가 개발되기까지, 인류의 공동 현실은 점점 하나로 통합되고 확장되어 왔습니다.

그러나 앞으로 살펴보겠지만, 21세기에 우리는 1만

2,000년 전의 충격에 비견할 만한 충격을 경험하게 될지도 모릅니다.

인터넷의 탄생

20세기에 들어 인류는 TV를 만들고 냉장고를 만들었습니다. 지구 반대편으로 여행하는 비행기를 발명하고, 지구를 벗어나 달까지 날아가는 우주선도 개발했지요. 그리고

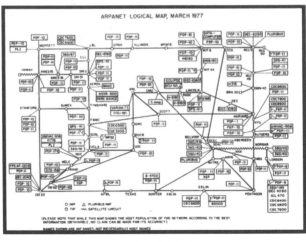

그림 26 아르파넷

마침내 1969년, 역사의 흐름을 뒤바꿀 결정적인 발명품이 등장합니다. 인터넷입니다.

인터넷의 원형인 아르파넷advanced research project agency network, Arpanet의 핵심은 통신 프로토콜protocol입니다. 즉, 컴퓨터끼리 데이터를 원활하게 주고받을 수 있도록 고안된 통신 규약들입니다. (그 가운데 특히 TCP/IP라는 통신 알고리즘은 인터넷 네트워크의 주요 프로토콜로, 이를 개발한 2명의 엔지니어인 빈트 서프Vint Cerf와 로버트 칸Robert Kahn은 공로를 인정받아 대통령 훈장을 받았습니다.)

재미있게도, 인터넷의 시작은 미국 국방부의 방위고등연구계획국Defense Advanced Research Project Agency, DARPA에 의해 개발된 프로토콜이었습니다. 1960년대 그리고 1970년대의 가장 큰 걱정은 제3차 세계대전과 핵전쟁이었습니다. 그러나 미 국방부의 보다 구체적인 고민은 전쟁이 발발하거나 미국 영토에 핵폭탄이 투하되었을 때 군의 통신이 마비되는 것이었습니다. 그런데 TCP/IP는 정보를 작은 단위로 쪼개는 방법으로 문제를 해결할 수 있습니다. 네트워크로 전송하기 쉽게 쪼개진 이러한 데이터의 단위를 '패킷packet'이라고 하는데, 이 패킷들은 서로 분할되어 전송되더라도 수신하는 곳에서 원래의 데이터로 다시 조립되기

그림 27 〈매트릭스〉의 아키텍트(왼쪽)와 빈트 서프(오른쪽)

때문에, 기존의 전송 경로가 차단되어도 소통이 가능합니다. (다시 영화 〈매트릭스〉에 관해 조금 이야기하자면, 〈매트릭스〉에는 TCP/IP를 개발하는 데 핵심적인 역할을 한 빈트 서프를 모델로 삼은 캐릭터가 등장하는데, 바로 매트릭스를 설계한 아키텍트라는 프로그램입니다.)

그런데 1970년대에는 초기 인터넷으로 무엇을 해야 할지 잘 알지 못했습니다. 미 국방부가 제3차 세계대전과 같은 긴급 상황을 위해 통신망을 개발한 것인데, 세계대전도 핵전쟁도 그와 유사한 어떠한 사건도 발발하지 않았기 때문입니다. '완전히 새로운 통신망인 인터넷을 가지고 무엇을 할 수 있을까?' 이것이 당시 프로그래머들의 질문이었습니다.

물론, 1971년에 레이 톰린슨Raymond Tomlinson이 이메일을 주고받을 수 있도록 이메일의 구분 기호인 '@'를 고안한 일이 있었습니다. 1983년에 여러 컴퓨터들이 서로의 위치를 확인하는 데 유용한 핑Ping, packet internet groper이라는 프로그램이 개발되기도 했지요. 1991에는 고퍼gopher라는 인터넷 정보 검색 서비스도 고안되었습니다.

그럼에도 1990년대 초까지 인터넷은 정부 기관이나 대학교 그리고 메인 프레임main frame의 국지적인 연결망일 뿐이었습니다. 당연하게도, 일반 소비자들은 이 새로운 연결망의 가능성을 내다볼 수 없었지요. 1991년에 케임브리지대학교의 한 부엌에는 최초의 웹 카메라web camera가 설치되었는데, 이를 이용해 고작 커피가 얼마나 남았는지를 확인했을 뿐입니다.

제3차 세계대전을 대비해 프로토콜을 개발한 어느 누구도, 21세기의 우리가 유튜브로 스케이트보드 타는 불도그를 보고 게임 프로그램을 통해 실시간으로 공연을 즐기리라고는 상상하지 못했을 것입니다.

그러나 1989년부터 1991년까지, 유럽입자물리연구소European Laboratory for Particle Physics, CERN에서 일하는 팀 버너스리Tim Berners-Lee가 월드와이드웹world wide web, www을 제안하면서

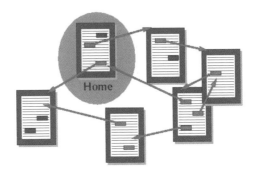

그림 28 하이퍼텍스트

모든 것이 달라졌습니다.

월드와이드웹은 다음과 같은 한 가지 질문에서 시작 되었습니다. '한 정보에서 다른 정보로 건너뛸 수는 없을 까?' 하이퍼텍스트hypertext라는 개념은 이 질문에 답하는 데 직접적인 도움을 줍니다. 사실, 이는 전혀 새로운 아이디 어가 아닙니다.

아르헨티나의 작가 호르헤 루이스 보르헤스의 또 다 른 작품인 〈두 갈래로 갈라지는 오솔길들의 정원El jardín de senderos que se bifurcan〉에서는, 현실이 여러 개로 갈라지고 이렇 게 갈라진 길들이 서로 소통하는 방법에 관한 이야기가 나옵니다.

하이퍼텍스트에 관한 보다 엄밀한 개념은 옥스퍼드 대학교의 사회학자이자 철학자인 테드 넬슨Theodor Nelson이 1960년에 재너두 프로젝트Project Xanadu를 통해 제시했습니다. 하나의 문서를 읽다가 다른 문서를 읽고 그 문서가 또 다른 문서로 이어지는 형태로 문서들을 서로 연결하는 개념인데, 이는 오늘날의 위키피디아Wikipedia와 비슷한 구조에 해당합니다.

그러나 소설이나 이론에만 등장하는 하이퍼텍스트를 기술적으로 구현한 것은 팀 버너스리이며, 다름 아닌 월드와이드웹이 그 기술의 구체적인 사례입니다. 컴퓨터를 통해 전 세계를 연결하는 거대한 그물망이 만들어진 것입니다.

말하자면, 월드와이드웹의 발전은 수많은 현실들이 하나의 커다란 현실로 녹아드는 과정에서 정점에 해당합니다. 브라질에서 일어나는 일이 곧바로 미국 텍사스에 영향을 주고, 스페인에서 만들어진 정보가 하루도 지나지 않아 인도에 영향을 줄 만큼, 전 지구가 그야말로 하나의 현실로 얽히기 시작한 것이지요.

2000년대 초, 대다수 IT 전문가들이 미래를 낙관하는 것도 무리가 아니었습니다. 막대한 양의 정보가 무료

그림 29 구글의 행동 수칙

로 유통되고, 정보를 접할 수 있는 기기들의 가격은 지수
함수적으로 낮아졌습니다.

구글Google의 회장을 역임한 에릭 슈미트Eric Schmidt는 인
터넷의 투명성이 독재를 불가능하게 만들며 정부가 개인
의 자유를 장악하지 못하도록 만들 것이라고 예측했고,
이러한 낙관의 흐름은 중동에 '아랍의 봄Arab Spring'을 가져
다주었습니다. 구글은 회사의 행동 수칙으로 '사악해지지
말자Don't be evil'를 내세우며, 사용자 중심의 인터넷 서비스
를 약속하는 듯 보였습니다.

6장

몸을 가진 인터넷

정보가 저렴해지고 현실이 하나로 묶이면 세상이 좋아질까요? 2000년대까지 우리는 그렇다고 믿었습니다. 정보가 많아지면 지식도 늘어날 것이라고 믿었기 때문입니다.

하지만 인간이 만들어 내는 정보가 대부분 거짓이라면? 이 경우에는 빠르게 늘어나는 정보가 급격히 증가하는 허위 정보를 의미하기에, 사회 안에서 지식은 상대적으로 줄어들게 됩니다. 정보가 늘어날수록 사회가 후퇴할 수도 있다는 말입니다.

인류는 이러한 상황을 이미 여러 차례 경험한 바 있습니다. 예를 들어, 15세기 유럽 역사를 통해, 정보의 가격이 낮아짐에 따라 정보의 전달이 쉬워짐에도 불구하고 사회가 결코 나아지지 않을 수 있다는 점을 관찰할 수 있지요.

15세기 이전까지 책은 매우 비싼 물건이었습니다. 가죽 위에 글자를 한 자 한 자 눌러쓴 것이기에, 책 1권의 가격이 지금의 돈으로 약 1,000만 원에 달했습니다. 오늘날에는 책 10권을 가지지 않은 집이 드물지만, 당시에는 부유한 집이 아니라면 이만한 양의 책을 가지고 있기 어려웠습니다. 그만큼 책이 귀했기에, 중세의 수도원에서는 책을 훔치지 못하도록 쇠사슬로 묶어놓기도 했습니다. 지금으로서는 상상하기 어려운, 웃지 못할 일이지요.

그런데 1440년경 요하네스 구텐베르크 Johannes Gutenberg가 활판 인쇄술을 발명하며 인쇄 부문에서 혁명이 일어났습니다. 그에 따라 책의 수량이 급격히 증가해 1,000만 원이었던 책의 가격은 10만 원, 나아가 1만 원으로까지 떨어졌습니다. 이는 당대에도 엄청난 일로 여겨졌지요. 대항해 시대와 맞물려, 책을 통한 교육의 보편화로 인해 인류가 계몽에 한 걸음 더 가까워지리라고 믿었기 때문입니다.

하지만 현실은 기대와 달랐습니다. 인쇄 기술의 발달에 기여한 기술자들, 책을 집필한 학자들은 진실이 보다 쉽고 빠르게 전파되리라고 짐작했는데, 실제로 만연해진 것은 진실이 아니라 가짜 뉴스였습니다.

독일의 신학자인 마르틴 루터^{Martin Luther}와 그의 추종자들의 사례가 대표적입니다. 로마 가톨릭교회의 부패에 반대하며 반기를 일으킨 만큼, 그들은 교황을 악마로 묘사한 그림들을 퍼뜨렸습니다. 물론, 가톨릭 신자들은 반대로 루터와 그의 추종자들을 악마라고 선전했지요. 인쇄 기술에서 일어난 혁명이 진실의 대변인이 아닌 탈진실의 선동자로 쓰인 것입니다.

정보의 가격이 낮아지면서 거짓을 퍼뜨릴 수 있는 가격도 떨어지자, 안타깝게도 역사적으로 많은 이들이 진실이 아닌 거짓을 퍼뜨리는 데 시간과 노력을 아끼지 않게 되었습니다. 그리고 인쇄 기술의 발달에 힘입어, 유럽에서는 역사상 가장 잔인하다고 알려져 있는 종교전쟁들이 일어났습니다.

21세기의 우리는 500여 년 전의 역사를 잊고 살아가지만, 어쩌면 15세기의 계몽주의자들이 지닌 낙관과 오늘날 우리가 지닌 낙관은 닮아 있는지도 모릅니다.

처음에는 인터넷의 발명으로 책 1권의 가격이 1만 원에서 0원으로까지 떨어지자, 모든 사람이 무료로 양질의 교육을 받고, 과학이 대중화되며, 사회가 투명해질 것이라는 예측들이 난무했습니다. 그러나 수십 년이 지나 우리가 온라인에서 경험하는 것은 명백한 진실들이 아니라 온갖 필터 버블filter bubble과 다중 현실이지요.

필터 버블과
다중 현실

필터 버블이란, 인터넷 서비스 생산자가 이용자의 선호도에 맞추어 이용자에게 정보를 선별적인 제공함에 따라 이용자가 스스로 선호하는 정보에 갇히는 현상을 일컫습니다. 그러나 한편으로 이 거품은 인간의 본성을 잘 반영하고 있지요.

예를 들어, 인간은 균형 잡힌 관점을 가지고 다양한 정보를 낱낱이 조사해 판단을 내리지 않고, 자신의 믿음과 부합하는 정보는 받아들이면서도 그렇지 않은 정보는 무시하는 경향을 지닙니다. 여기에 우리의 편 가르기 성

©nature

그림 30 유명 트위터 계정들의 정보 교환

향과 단순 노출 효과에 대한 취약성이 더해지면, 거품의 막은 한층 더 두꺼워지지요.

2021년 2월, 과학 전문지 《네이처Nature》에 소개된 연구에서는 미국의 유명 트위터Twitter 계정들이 서로 정보를 어떻게 교환하는지에 대해 분석했습니다.

트위터에서는 정보가 어떻게 교환되고 있을까요? 그림 30에서 파란 동그라미와 빨간 동그라미는 각각 미국의 민주당 지지자와 공화당 지지자를 나타내며, 이때 동그라미의 크기는 정보 교환의 양을 의미합니다. 그림 30에서 잘 드러나듯이, 민주당 지지자들은 서로 엄청나게 많은 정보를 주고받고 공화당 지지자들 역시 그들끼리 막대한 정보를 공유하지만, 파란 점과 빨간 점 사이에서는 정보 교환이 거의 이루어지지 않습니다.

다시 말해, 미국 사회는 이미 2개로 갈라졌습니다. 그런데 기억하십니까? 무의미한 축구 경기를 보면서도 임의적으로 노랑 팀과 빨강 팀 가운데 한 팀을 응원하는 경우조차, 우리는 세상을 서로 달리 지각한다는 점을? 하물며 어떤 집단이 자신의 정치적 신념에 따라 둘 이상으로 쪼개진다면 어떨까요? 아마도 서로 세상을 아주 다르게 보는 것을 넘어서, 그들이 전혀 다른 현실에서 살고 있다고 말할 수 있을지도 모릅니다. 그것도 특히 인터넷에서라면 말입니다.

우리가 알아차리지 못했을 뿐, 결과적으로 필터 버블은 우리가 지난 1만 년 동안 정성껏 불려놓은 현실이라는 눈덩이를 2개 또는 3개로 쪼개놓고 있었던 것입니다. 그러나 이는 단지 정치적 신념이라는 한 가지 기준에 따른 분열일 뿐이지요. 한 사람 한 사람이 지닌 취향과 신념의 수는 여럿이고, 그에 따라 인터넷 공간에서 눈덩이가 다시 여러 개로 갈라지는 일을 상상하기는 어렵지 않을 것입니다.

감시 자본주의 시대

하버드비즈니스스쿨의 쇼샤나 주보프[Shoshana Zuboff] 교수에 따르면, 우리는 인터넷을 통해 새로운 형태의 자본주의를 만들어 가고 있습니다. 『감시 자본주의 시대[The Age of Surveillance Capitalism]』에서 그는 칼 폴라니[Karl Polanyi]의 자본주의 이론을 차용해, 자본주의의 효율성이 가치가 없는 대상에 가치를 부여하고 거래를 가능하게 한다는 점에 있다고 주장합니다. 이것이 무슨 말일까요?

30만 년간 인류가 유목민으로 지내는 동안, 토지는 아무런 가치도 없었습니다. 땅을 들고 다닐 수는 없는 노릇이기 때문입니다. 그러나 우리가 한곳에 정착해 농사를 지으며 땅의 가치는 무엇과도 비교할 수 없게 되었습니다. 마찬가지로, 가족이나 친족 단위로 지내는 동안 개인의 노동력은 상품 가치가 없었습니다. 그러나 마을이나 국가 단위의 문명이 세워지자, 노동력은 다른 이에게 사고팔 수 있는 재화 또는 서비스로 자리 잡게 되었지요.

주보프 교수가 주장하는 내용은, 농사의 발명으로 인해 가치의 전환이 일어났듯이 인터넷의 발명으로 오늘날 가치의 전환이 일어나고 있다는 것입니다. 다시 말해, 이전까지는 아무 가치도 없었던 대상들이 인터넷을 통해 가치를 부여받고 있다는 점입니다. 그렇다면 가치를 지니기 시작한 그 대상은 무엇일까요? 그에 따르면, 바로 우리 인간의 내면입니다.

지난 30만 년 동안 어느 한 개인의 머릿속에서 일어나는 일들은 그다지 유의미하지 않았습니다. 나비의 꿈을 꾸든 열쇠 구멍 안에 갇힌 파리를 상상하든, 계급이 높거나 유명하지 않은 한 사람의 생각과 감정은 그의 두개골 밖에서는 별다른 가치를 지니지 못했지요.

그러나 지난 몇 년간 선호도에 따른 필터 버블을 통해 한 사람 한 사람의 선호도를 파악하고 그들의 판단을 예측할 수 있게 되자, 내적인 현실이 가치를 부여받고 거래 대상으로 쓰이기 시작했습니다.

잠깐, 유튜브만 하더라도 무료로 이용하고 있는데

무엇을 거래한다는 말일까요? 애플^{Apple}의 최고경영자인 팀 쿡^{Tim Cook}은 이에 대해, 당신이 온라인 서비스를 무료로 사용하고 있다면 당신은 소비자가 아닌 제품이라고 말합니다. 이용자에게 온라인 서비스를 제공하며, 서비스 생산자는 선호도를 포함한 이용자의 정보, 달리 말해 프라이버시를 가져갑니다.

공론장의 와해

독일 철학자 위르겐 하버마스^{Jurgen Habermas}는 현대사회의 기초가 공론장^{public sphere}에 있다고 말했습니다. 동일한 현실을 공유하며 토론할 수 있는 공론장이 가능해야 현대사회가 가능하다는 것이지요. 모든 수준에서 믿음이 서로 엇갈리면 의미 있는 토론은 불가능합니다.

공론장의 중요성을 강조하는 하버마스가 계몽주의를 가리켜 미완의 프로젝트라고 말한 것에서도 드러나듯이, 적어도 계몽주의 시대 이후로 책이나 신문, TV와 같은 매체를 통해 현실이 더 폭넓고 깊이 연결되었다는 점을 부정할 수는 없습니다. 그러나 이제는 보다 강력한 알고리즘의 개발과 개인 미디어의 발달로 인해, 전문가들은 공론장과 공동체 자체가 부식되고 있지는 않은지 걱정하고 있습니다.

코로나19 백신을 접종해야 하는지 아닌지를 둘러싼 논쟁을 예로 들어봅시다. 이는 상아탑 안에서 일어나는 문제가 아니라 우리 주변에서 벌어지는 문제입니다. 다시 말해, 백신의 부작용을 둘러싸고 과학적인 방법에 따라 그 부작용을 연구하는 형태가 아니라, 마이크로소프트[Microsoft]의 빌 게이츠[Bill Gates]가 백신에 하이브리드 칩을 집어넣어 인류를 장악하려고 한다는 음모론의 형태를 띱니다.

이는 공상과학소설에나 나올 법한 터무니없는 이야기처럼 보이지만, 추천 알고리즘을 통해 정보가 선별적으로 형성되는 세태를 고려하면 무시하지 못할 일이지요. 백신을 둘러싼 다양한 음모론을 받아들이는 이들도 이를 장난으로 믿는 것이 아닙니다. 백신에 대한 부정적인 신념을 지닌 사람들과의 논쟁을 지켜보고 있노라면, (마치 정치적으로 극단적인 두 집단 간의 대화와 마찬가지로) 서로 간의 토론이 불가능하다는 점을 관찰할 수 있습니다.

메타버스,
새로운 플랫폼

다중 현실의 성장을 더 크게 가속하는 것은 가상현실, 증강 현실augmented reality, 혼합 현실mixed reality 기술의 발전입니다. 모두 우리가 일상적으로 경험하는 생물학적인 현실이 아니라 새로운 디지털 현실을 가능하게 만들어 주는 기술들이지요.

페이스북Facebook의 최고경영자 마크 저커버그Mark Zuckerberg는 지난 2021년 10월에 사명을 '페이스북'에서 '메타Meta'로 변경했습니다. 메타를 소셜 미디어 회사가 아니라 메타버스 회사로 자리 잡게 하겠다는 야심이지요. 그는 또한 약 1만 명이었던 메타버스 서비스 관련 직원을 1만 명 더 늘리고, 메타버스 기술을 개발하는 데 100억 달러를 투자할 계획이라고 밝혔습니다. 메타버스가 모바일 인터넷의 후속 모델이 될 것이라는 저커버그의 말은 귀 기울일 만합니다.

에픽게임스Epic Games의 대표이사인 팀 스위니Tim Sweeney도 에픽게임스가 메타버스 회사로 거듭날 것을 약속했습니다. 이 회사는 현실과 매우 흡사한 게임을 구현해 내는 언리얼 엔진Unreal Engine 기술과 포트나이트라는 플랫폼을 가지고 있기에, 메타버스 서비스 분야에서 이미 유리한 위치를 점유하고 있습니다.

그런데 잠깐, 메타버스가 도대체 무엇일까요? 가상 현실이나 증강 현실과 동일한 것일까요? 투자를 유치하고자 게임 산업에서 지어낸 용어나 이름뿐인 허울은 아닐까요?

먼저, 마우스가 인터넷이 아니듯이 헤드 마운트 디스플레이head mounted display, HMD가 메타버스는 아닙니다. 다시 말해, 마우스가 단지 인터넷에 접속하는 데 필요한 기기들 가운데 하나인 것처럼, HMD도 메타버스를 이용하기 위한 하나의 도구일 뿐입니다. 메타버스는 그보다 더 큰 무엇으로, 말하자면 새로운 플랫폼이라고 이해할 수 있습니다. 이것이 무슨 말인지 천천히 한번 살펴봅시다.

앞서 이야기했듯이, 인류는 30만 년 동안 다양한 현실들 안에서 분리되어 지내다가 1만여 년 전부터 한곳에 정착하면서 문명이라는 플랫폼을 만들어 냈습니다. 그러다 1990년대 이후로 데스크톱 인터넷이 급격히 발전하자, 종종 '사이버 현실'이라고 불리는 새로운 플랫폼 안으로 들어서게 되었지요. 2010년대부터 우리가 애용하기 시작한 모바일 인터넷은 데스크톱 인터넷이 진화한 결과이며, 이러한 모바일 인터넷이 다시금 새롭게 진화한 형태가 바로 메타버스입니다.

메타버스는 기존의 인터넷과 무엇이 다를까요? 한마디로 표현하자면, 메타버스는 체화된 인터넷, 몸을 지닌 인터넷embodied internet이라고 할 수 있습니다. 지금까지 우리는 인터넷을 통해 정보를 단지 보고 들을 수 있었을 따름입니다. 그러나 이제는 우리가 그 정보 안으로 들어갈 수 있다는 점에서 체화된 인터넷은 이전의 인터넷과 다릅니다.

투자 회사 에필리온코EpyllionCo의 매튜 볼Matthew Ball은 메타버스를 이보다 더 구체적으로 정의하고자 하는데, 그에 따르면 메타버스는 적어도 다음과 조건들을 충족합니다. (1) 물질 세계와 가상현실을 연결한다. (2) 공유되고 지속되는 인터넷 공간을 지니고 있다. (3) 사용자의 경험들이 서로 연결되며, (4) 다른 이들도 접속 가능하다. (5) 경제적인 거래가 가능하고, (6) 몸을 통한 상호작용이 가능하다.

그러나 실제 메타버스는 이보다 더 단순하고 광범위한 어떤 것으로, 메타버스의 핵심은 그것이 플랫폼이라는 점에 있습니다. 다시 한번 강조하건대, 지난 1만 년 동안 인간의 현실은 아날로그적이었습니다. 구체적으로 말해,

우리의 경험은 각각 하나의 장소, 하나의 시간에만 국한되어 있었습니다. 따라서 아날로그 현실에서 우리가 가질 수 있는 모든 경험은 우리 자신이 자리한 곳에서만, 특히 우리 몸이 위치한 곳에서만 가능했습니다.

수십만 년 동안 아날로그적 플랫폼에서만 살아가다 보니, 우리는 유일하게 가능한 현실이 아날로그 현실이라고 여기는 경향이 있습니다. 그러나 20세기 초부터 인터넷은 이미 또 다른 형태의 현실, 즉 디지털 현실이 가능하다는 점을 우리에게 보여주었습니다.

물론 데스크톱 인터넷의 경우에도 우리의 몸은 여전히 한곳에 자리 잡고 있습니다. 그러나 아날로그 현실과 다른 점은 우리의 경험이 더 이상 국지적일 필요가 없다는 것입니다. 예를 들어, 아날로그 현실에서는 한국에서 일어나는 사건을 경험하고 브라질에서 일어나는 사건을 경험하려면 한국과 브라질 사이의 지점들을 연속적으로 지나가야 하는 반면, 디지털 현실에서는 그럴 필요가 없습니다. 한국에 관한 경험에서 브라질에 관한 경험으로 곧장 건너뛰는 일이 가능하기 때문입니다.

하지만 이러한 초기 디지털 현실에서의 경험은 아직 몸의 경험과 일치하지는 않습니다. 말하자면, 데스크톱

	아날로그	데스크톱 인터넷	모바일 인터넷	체화된 인터넷 (메타버스)
장소	국지적	국지적	비국지적	비국지적
경험	국지적	비국지적	비국지적	비국지적
몸	(하나) 있음	없음	없음	있음(여러 개의 페르소나)

그림 31 메타버스: 새로운 몰입형, 공유형 현실

인터넷과 모바일 인터넷은 목적지가 아니라 아날로그 현실에서 디지털 현실로 넘어가는 징검다리일 뿐입니다.

메타버스는 다릅니다. 물론 메타버스에서도 데스크톱 인터넷이나 모바일 인터넷에서처럼 우리의 경험이 국지적일 필요가 없습니다. 이동의 제약 없이 하나의 경험에서 다른 경험으로 곧바로 점프할 수 있지요. 그런데 흥미로운 점은 이러한 경험이 몸의 경험과도 일치한다는 것입니다. 더 나아가 이러한 몸을 여러 개 가지는 것도 가능한데, 이것이 이른바 '아바타avatar'입니다.

결론적으로, 이러한 정의에 따르면 메타버스는 아직 존재하지 않습니다. 우리가 완전한 디지털 현실에 아직 도달하지는 못했지만, 빠르면 20년, 늦어도 50년 안에 체화된 인터넷 또는 메타버스가 등장할 것이라고 예상됩니다.

그러나 우리에게는 한 가지 중요한 질문이 남았습니다. 우리 몸의 세포들을 하나하나 스캔해 컴퓨터로 전송하려면 수백, 수천 년을 기다려야 할지도 모릅니다. 기술적으로 아직 어림도 없지요.

그렇다면 아날로그적인 몸에 갇힌 우리가
도대체 어떻게 디지털 현실을 체험할 수 있을까요?

7장

21세기 대항해시대

우리 인간은 아날로그 동물인데, 어떻게 디지털 현실을 체험할 수 있을까요? 이것이 가능하기는 할까요? 이는 매우 중요한 질문인데, 이에 답하기 위해서는 먼저 뇌의 특성을 알아볼 필요가 있습니다.

그림 32와 같은 컴퓨터의 하드웨어는 제작되고 나서 변하지 않습니다. 컴퓨터 하드웨어가 변하면 그것은 고장 난 것입니다. 따라서 처음 설계된 모습대로 유지되고 작동되어야 합니다. 반면 인간의 뇌는 끊임없이 변합니다.

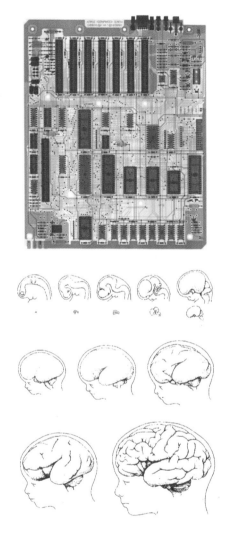

그림 32 컴퓨터 하드웨어와 뇌의 발달 과정

모든 생애 주기 동안 변하지요. 그러나 그림 32와 같은 발달 과정에서 일어나는 변화가 뇌의 하드웨어를 형성하는 데 결정적인 역할을 합니다.

우리 인간의 뇌에는 약 10^{12}개의 신경세포들이 존재하고 각각의 신경세포는 다른 신경세포들과 연결되어 있는데, 우리 뇌는 이 연결 고리의 변화를 통해 세상을 받아들이고 현실을 해석합니다. 그런데 신경세포들을 연결해 주는 시냅스synapse의 수는 신경세포 하나마다 약 1,000개에서 1만 개로, 이 모든 연결 고리의 값을 데옥시리보핵산, 즉 DNA에 저장하기란 물리적으로 불가능합니다.

따라서 인간을 포함한 대다수 생명체는 진화적으로 다른 전략을 취했는데, 바로 뇌의 모든 연결을 완전히 결정하지 않고 기본적인 얼개만 갖춘 채로 태어나는 것입니다. 뇌 안의 연결을 어느 가상 국가의 도로망에 한번 비유해 봅시다. 이 도로망은 처음부터 완벽하게 설계되어 건설되지는 않았습니다. 큰 도시를 잇는 고속도로, 그리고 그보다 작은 큰길들만이 설계되어 건설되었을 뿐이지요. 그렇다면 이보다 작은 길들은 어떻게 생겨난 것일까요? 일단 되는대로, 즉 무작위로 만들어진 것입니다. 뇌는 바로 이러한 가상 국가의 도로망과 비슷합니다.

뇌의 상당 부분이 무작위적으로 만들어진 탓에, 태어나고 얼마 지나지 않은 뇌의 많은 연결들은 올바르게 연결되지 못합니다. 그렇다면 이러한 잘못된 연결 고리들은 언제 어떻게 고쳐질까요?

먼저, 모든 영장류와 대부분의 포유류는 '결정적 시기critical period'라고 불리는 매우 특별한 발달 기간을 가집니다. 동물마다 이 시기에는 조금씩 차이가 있는데, 오리의 경우에는 태어난 다음부터 고작 몇 시간까지, 고양이의 경우에는 약 4주에서 8주까지가 결정적 시기입니다. 한편 원숭이는 태어난 뒤 1년까지, 인간은 10년에서 12년까지로 알려져 있지요.

결정적 시기가 중요한 이유는 이 시기에 뇌가 경험한 것에 따라 뇌의 하드웨어 대부분이 완성되기 때문입니다. 다시 말해, 자주 발생하는 경험에 사용되는 시냅스는 살아남고, 그렇지 않은 시냅스는 약해지거나 사라집니다. 이러한 결정적 시기를 발견한 공로로 오스트리아의 동물학자인 콘라트 로렌츠Konrad Lorenz는 1973년에 노벨 생리의학상을 수상했지요.

결정적 시기의 발견 과정을 살펴보면 흥미롭습니다. 오리는 알을 깨고 알에서 나오면 어미를 알아보고 쫓아다

그림 33 로렌츠와 결정적 시기의 오리들

님니다. 그런데 로렌츠는 이를 이상하게 여겼습니다. 어미의 생김새를 알아보고 쫓아다니기에는 태어난 지 얼마 지나지 않은 오리의 뇌가 충분히 정교하지 않았기 때문입니다.

그는 한 가지 실험을 제안했습니다. 오리들이 알을 깨고 알에서 나오기 전에 어미 오리를 숨겨두고, 막 태어난 새끼 오리들에게 특별한 색의 장화를 보여준 것입니다. 결과가 어땠을까요? 이 새끼 오리들은 평생 그 장화만 쫓아다녔습니다.

결론은 오리의 뇌가 다음과 같이 단순하게 프로그래

밍되어 있다는 것입니다. 즉, 태어나 처음 보는 물체를 쫓아다닐 것. 이는 확률적으로 처음 보는 물체가 어미일 가능성이 가장 크기에 충분히 엄밀하지 않더라도 좋은 전략임이 틀림없습니다. 고양이의 경우도 마찬가지입니다. 태어나 몇 주 동안 경험한 것을 바탕으로 뇌가 굳어진다는 점이 다를 뿐이지요.

Z 세대의 고향, 인터넷

이제 이 결정적 시기를 메타버스와 관련지어 이야기해 볼까요? 2022년을 기준으로, 한국 그리고 대다수 경제협력개발기구^{OECD}의 국가들에는 4개의 서로 다른 세대들이 같은 사회에서 살아가고 있습니다.

　　역사적으로 이는 매우 드문 일입니다. 과거에는 기껏해야 신세대와 구세대, 이렇게 두 세대가 함께 살았을 뿐입니다. 그러나 인간의 수명이 길어지고 과학기술이 매우 빠른 속도로 발전하다 보니 이제는 유의미한 세대 차이가 약 10년마다 나타나고, 그에 따라 한 사회를 살아가는 서로 다른 세대가 적어도 4개로 늘어난 것입니다.

첫 번째는 베이비부머 세대, 즉 제2차 세계대전이나 한국전쟁 이후에 태어난 세대입니다. 이들은 어린 시절이나 젊은 시절 내내 아날로그적인 환경에 노출되었기에, 아날로그 현실에 가장 친숙한 세대라고 할 수 있습니다.

다음은 X 세대입니다. 이들의 어린 시절에는 주변에 인터넷이 없었습니다. 대다수가 성인으로 자라난 다음에야 비로소 인터넷을 접할 수 있었기에, 말하자면 디지털 이주민이라고 할 수 있는 세대입니다. 그렇기에 이들 역시 디지털 현실보다는 아날로그 현실을 더욱 친숙하게 받아들이는 경향이 있지요. 그다음으로는 밀레니얼 세대 또는 M 세대가 있는데, 이들은 디지털 현실과 아날로그 현실을 모두 친근하며 편안하다고 느낍니다.

그리고 뇌과학적으로는 더 이상 인간, 즉 호모 사피엔스라고 말할 수 없는 Z 세대가 있습니다. 이유가 무엇일까요? 1990년대 중반 이후에 출생한 Z 세대는 이른바 '아이패드iPad 세대'로도 불립니다. 그만큼 이들의 어린 시절에는 늘 아이패드가 따라다닙니다. (이들에게는 무선 인터넷이 편리한 것이라기보다는 그저 당연한 것이지요.) 따라서 이전 세대들과 달리, Z 세대 아이들은 아날로그 현실에서 실제

	1950	1950	1970	1980	1990	2000

세대 구분	베이비붐 세대	X 세대	밀레니얼 세대	Z 세대
출생 연도	1950~1964년	1965~1979년	1980~1994년	1995년 이후
인구 비중	28.9%	24.5%	21%	15.9%
미디어 이용	아날로그 중심	디지털 이주민	디지털 유목민	디지털 원주민

그림 34 4개의 세대들(2021년 기준)

사람을 만나 관계를 형성하기도 전에 디지털 현실이나 아바타와 먼저 관계를 쌓습니다.

그런데 기억하십니까? 인간에게는 결정적 시기가 있습니다. 이 시기가 스웨덴 사람을 스웨덴 사람으로, 러시아 사람을 러시아 사람으로, 한국 사람을 한국 사람으로 만듭니다. 그리고 우리는 뇌의 하드웨어가 형성되는 환경을 '고향'이라고 부르지요. 따라서 우리가 고향을 편안한 감정과 결부 짓는 것은 자연스러운 일인데, 그 환경이 지금의 우리 뇌를 만들었기 때문입니다.

반면, 늦은 시기에 고향으로부터 벗어나면 우리의 뇌는 불편함을 느낍니다. 예를 들어, 40대나 50대가 되어 미국으로 이주하는 많은 이들은 미국 사회와 문화를 편안하게 받아들이지 못합니다. 뇌가 기대하는 현실과 경험하는 현실이 일치하지 않기 때문이지요. 그리고 이러한 상황에서 뇌는 손쉽게 도피를 선택하는데, (한국 음식을 먹고, 한국 노래를 듣고, 한국 친구들과 즐겁게 노니며 소비할 수 있는) 한인 타운이 형성되고 유지되는 이유도 바로 이러한 뇌의 메커니즘과 관련이 있습니다.

결론적으로, 뇌는 가능하기만 하다면 편한 곳에 머물며 사회적 관계를 맺고 재화나 서비스를 소비하려고 합니다. 그런데 Z 세대의 고향은 아날로그 현실이 아닌 디지털 현실, 즉 인터넷입니다. 다시 말해, Z 세대의 뇌는 인터넷에 최적화되어 있기에, 지금 한국에서 자라나고 있는 Z 세대 그리고 그 이후의 알파 세대의 진정한 '고향'은 대한민국이 아닌 인터넷이라는 말입니다.

따라서 그들은 아날로그 현실보다 디지털 현실에서 보다 편안함을 느끼며, 오프라인 모임이 아닌 온라인 커뮤니티로 도피하고자 합니다. 사회적인 관계뿐만 아니라, 그들의 경제적인 활동도 대부분 그들의 뇌가 가장 편안하다고 느끼는 디지털 현실 안에서 이루어질 것입니다. 그런데 1990년대에 출생한 Z 세대의 일부는 이미 시장의 트렌드를 이끄는 주요 소비자로 떠올랐습니다. 이 사실은 아직은 미흡한 메타버스 기술을 보완하고 발전시키는 일을 가속할 것입니다.

디지털 대항해시대

이야기한 관점에서 보면, 오늘날을 디지털 대항해시대라고 이해할 수 있습니다. 이것이 무슨 말일까요? 다시 한번 유럽의 역사를 돌아봅시다.

15세기 말은 매우 불행한 시대였습니다. 약 1,000년 동안의 중세 암흑기가 지속되었기 때문이지요. 암흑기는 계급사회가 절대적인 것으로 받아들여지며, 종교를 둘러싸고 끊임없이 일어나는 갈등과 전쟁으로 문드러진 시대였습니다. 이 기나긴 시간을 통과하는 당시 사람들의 마음에 자리 잡은 것은 무관심보다는 체념에 가까웠습니다.

그런데 15세기 말에 충격적인 사건이 하나 발생했지요. 이탈리아의 탐험가 크리스토퍼 콜럼버스^{Christopher} ^{Columbus}가 아메리카 대륙을 '발견'한 것입니다. 아메리카에 원주민들이 거주하고 있었기에 아메리카 대륙을 발견했다는 주장은 단지 유럽 사람들의 관점에 불과하지만, 이 사건이 그들의 세계관을 뒤바꾸었다는 점은 분명합니다. 1,000년 동안 그들에게는 유럽이 유일한 현실이었는데, 유럽이 아닌 다른 대륙, 다른 현실이 존재한다는 것을 증명한 사건이나 다름없었기 때문입니다.

대항해시대는 그렇게 시작되었습니다. 유럽의 탐험가들은 유럽 바깥으로 뻗어나갔고, 남아메리카, 오스트레일리아 대륙, 뉴질랜드 땅, 남극을 찾아내며, 수많은 현실들을 새롭게 발견해 냈지요. 그러나 새로운 대륙에는 경제체제가 자리 잡지 않았기에, 신대륙으로의 항해에서 발생한 모든 가치는 구대륙에서만 통용되었습니다. 다시 말해, 새로운 땅에서 발굴되고 거래된 금과 노예는 유럽으로 들여와야만 환산이 가능했습니다.

그러나 새로운 현실들의 존재가 알려지고 반세기 정도가 지나자, 대규모 이주가 일어났습니다. 중세의 Z 세대라고 할 만한 이들이 귀족의 압제와 부패, 종교와 토지를 둘러싼 끊임없는 갈등으로부터 벗어나고자 유럽에서 새로운 땅으로 도피하기 시작한 것입니다.

15세기, 16세기의 대항해시대와 마찬가지로, 21세기를 살아가는 우리도 비슷한 변곡점을 마주하고 있는지도 모릅니다. 우리는 약 1만 년 동안 현실이 오직 아날로그 현실뿐이라고 믿다가, 20세기 말부터 인터넷이 보편화되자 사이버 현실도 가능하다는 충격을 사실로 받아들이게 되었습니다. 편지를 주고받는 것은 물론, 실시간으로 자신의 모습을 공유하며 대화하는 것이 디지털 현실에서도 가능했기 때문이지요.

그럼에도 지난 30여 년 동안 디지털 현실에서 발생한 거의 모든 가치는 아날로그 현실에서만 통용되었습니다. 디지털 현실이 아날로그 현실의 부가가치를 더 빠르고 효율적으로 높여왔지만, 거래의 시작과 끝은 거의 언제나 아날로그 현실이었습니다.

그런데 Z 세대가 주요 소비자로 떠오르면서 양상이 달라지고 있습니다. 아날로그 현실보다 디지털 현실이 더 자연스러운 세대가 디지털 현실로 이주해, 새로운 놀이와 문화뿐만 아니라 전적으로 디지털 현실 안에서만 통용되는 가치를 생산하기 시작한 것입니다.

〈제페토〉나 온라인 커뮤니케이션 게임 〈동물의 숲 Animal Crossing〉 안에서 값비싼 명품 가방과 재킷을 구매하는 Z 세대의 행태는 X 세대에게 이해하기 어려운 것입니다. 현실에서 들고 다닐 수도 없는 가방을 왜 적지 않은 돈을 주고 사는 것일까요? 이 지적에 대해, Z 세대는 디지털 현실에서 들고 다니는 것만으로도 충분하다고 답합니다. 그들에게는 이미 디지털 현실이 단지 '가상' 현실이 아니라 '또 하나의' 현실이기 때문입니다.

요컨대, 디지털 대항해시대는 이미 시작되었습니다.

만들어진 나

메타버스 안에는 무수한 가능성이 열려 있습니다. 무언가가 불가능해 보인다면, 이는 단지 상상력의 빈곤에 따른 것일지도 모릅니다. 아날로그 현실에서처럼 토지와 물건을 거래할 수 있을 뿐만 아니라, 아날로그 현실에서는 결코 가능하지 않은 경험들을 창출할 수도 있지요.

그러나 우리는 메타버스에 관한 다음과 같은 몇 가지 중요한 철학적 질문들을 아직 다루지 않았습니다.

첫째, 메타버스 안에서 정체성은 어떤 의미를 지닐까?

둘째, 우리가 메타버스로 이주한다면, 메타버스 안에서도 우리가 지금 이 현실이 우리의 현실이라고 느끼듯이 메타버스를 우리의 현실이라는 감각을 가질 수 있을까?

셋째, 메타버스의 완성도가 높아짐에 따라
그 안에서도 행복하게 지낼 수 있게 된다면,
그때도 우리에게 아날로그 현실이 필요할까?
다시 말해, 아날로그 현실의 가치는 무엇일까?

먼저, 첫 번째 질문에 집중해 봅시다. 메타버스 안에서 나라는 존재는 과연 무엇일까요? 1,000개의 아바타를 가질 수 있다면, 나의 정체성은 도대체 어디에 있을까요? 정체성을 사고팔 수도 있을까요?

우리는 자기 정체성에 대해 생각할 때 그저 막연하게 생각하는 경향이 있습니다. '나는 그냥 나일 뿐이다. 여기에는 아무런 철학적 미스터리도 없다. 나 자신이 무엇인지 묻는 것은 단지 말장난에 지나지 않는다.' 그러나 뇌과학적으로, 정체성이라는 개념은 이렇게 납작하지 않습니다.

예를 들어, 인간을 포함한 영장류의 뇌에는 검은 호문쿨루스homunculus라는, 자신의 몸을 표현하는 영역이 있습니다. 얼굴을 알아보는 영역이 있고 색을 알아보는 영역이 있듯이, 자기 몸과 자신의 정체성을 표현하는 영역이 있는 것입니다.

흥미롭게도, 샌프란시스코 캘리포니아대학교의 마이클 머츠니크Michael Merzenich 교수는 우리 뇌의 호문쿨루스가 경험에 따라 확장되는 것이 가능하다는 점을 밝혔습니다. 자신에 대한 경험이 많아지면 정체성이 비대해지고, 그렇지 않으면 왜소해진다는 발견이었습니다.

이것이 무슨 말인지 한번 살펴봅시다. 최근 들어 뇌과학에서 활발히 논의되는 이론들은 인간의 뇌가 현실을 구성할 뿐만 아니라 자신의 정체성도 구성한다고 말합니다. 나라는 정체성이 단 하나로 고정되어 있는 것이 아니라, 나의 경험, 나의 인간관계 또는 사회적 관계에 따라 학습 가능하며 끊임없이 재구성된다는 것입니다. 말하자면, 현실이 일종의 착시인 것처럼 나라는 정체성도 일종의 착시인 셈이지요. (아닐 세스Anil Seth의 『당신 되기Being You』는 이 주제에 대해 깊이 있게 탐구합니다.)

정체성이 학습으로 얻어진다는 것이 무슨 뜻일까요? 이를 이해하는 데는 『이기적 유전자The Selfish Gene』로 유명한 영국의 분자생물학자 리처드 도킨스Richard Dawkins의 확장된 표현형이라는 개념이 유용합니다.

학문적으로 『이기적 유전자』보다 더 중요한 책인 『확

그림 35 뇌는 어떻게 현실을 구성해 낼까?

장된 표현형*The Extended Phenotype*』의 주장에 따르면, 유전자들
이 진화 과정에서 계속해서 시도해 온 것은 다름 아닌 영
향력의 확장입니다.

　　유전자의 생존에는 더 많은 유전자가 유전자 풀^{gene}
^{pool}에 살아남는 것뿐만 아니라, 그것의 영향력을 넓히는
것이 유리합니다. 그러나 유전자는 단지 작디작은 분자일
뿐입니다. 이기적인 유전자는 영향력의 범위를 키우기 위
해 세포 단위로 뭉치고, 세포를 뭉침으로써 신체를 만들

고, 신체 너머로 다른 신체들과 소통하는 것이 가능하도록 진화했습니다.

예를 들어, 한 축구 선수가 다른 선수에게 공을 자신에게 패스해 달라고 말하는 상황을 가정해 봅시다. 언어가 없다면, 이 축구 선수는 멀리 떨어진 공을 직접 주우러 가야 할 것입니다. 그러나 공과 가까운 선수에게 공을 건네달라고 이야기한다면, 몸을 이동하지 않아도 공을 전달받을 수 있지요. 언어로 인해 영향력을 미치는 범위가 확장된 것입니다.

도킨스에 따르면, 진화는 지금까지 유전자가 외부 세계에 더 큰 영향을 미치고 그 세계에서 일어나는 일에 관한 예측 범위를 확장하는 방향으로 나아갔습니다. 그리고

그림 36 예측 가능성과 정체성

우리는 이 확장된 표현형 개념으로 자기 정체성을 정의해 볼 수 있지요. 즉, 존재하는 모든 것 가운데 예측 불가능한 것은 우주이고, 예측 가능한 것은 나 자신이라고 말입니다. 세계에 영향을 미칠 수 있는 무언가라는 면에서, 결국 나 자신은 리모컨과 비슷합니다.

이러한 관점에서 보면, 나라는 정체성은 언제나 확장되는 것이 가능합니다. 우리는 막연하게 그리고 당연하게 우리 몸이 곧 우리 자신이라고 여기고는 하는데, 이는 유일하게 가능한 현실이 곧 아날로그 현실뿐이라는 착각과 크게 다르지 않습니다.

머츠니크 교수의 실험이 이를 잘 보여줍니다. 결정적 시기에 특별한 조작이나 조건이 주어지지 않으면, 일반적으로 원숭이는 자기 정체성의 범위를 자기 몸의 영역과 동일하다고 여깁니다. 그러나 결정적 시기에 원숭이의 팔에 긴 막대기를 달아 테이프로 고정시키고 이를 신체의 일부로 활용할 수 있도록 만들면, 다 자란 원숭이의 뇌는 자기 몸의 범위를 막대기 끝으로 확장해 받아들입니다. 이는 원숭이가 자기 몸과 정체성의 범위를 유연하게 인지한다는 점을 드러내지요.

운전에 이미 익숙한 독자라면, 이 실험이 특별히 놀

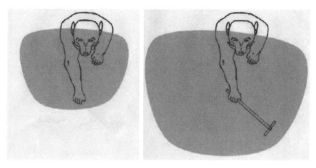

그림 37 원숭이의 자아 확장

랍지 않을 것입니다. 면허증을 발급받고 처음 도로에 나
선 초보 운전자가 마주하는 어려움이 하나 있지요. 바로
자동차의 오른편이 다른 차에 긁힐지도 모른다는 불안감
입니다. 한국에서는 운전자가 왼쪽 좌석에 앉기에, 차의
왼편이 다른 물체와 얼마나 떨어져 있는지 눈으로 확인할
수 있습니다. 그러나 자동차의 오른편 끝은 직접 볼 수 없
기에, 초보 운전자들은 끊임없이 불안해하지요.

  그러나 운전이 익숙해지면, 이 불안은 곧 사라집니
다. 왜 그럴까요? 반복적인 운전을 통해 인과관계를 학습
하고 나면, 운전자의 뇌에서 그의 자아를 자동차 오른편
끝까지 확장하기 때문입니다. 우리는 이를 두고 감이 생

겼다고 말하기도 합니다.

이는 팔이나 다리가 절단된 환자들이 로봇 의수를 사용하는 일에 곧 익숙해지는 이유이자, 우리가 기기의 도움으로 가상현실에 접속했을 때 스스로를 가상현실의 아바타와 동일시할 수 있는 이유이기도 합니다. 다시 말해, 뇌과학적으로 인간의 자아를 디지털 현실로 확장할 준비는 이미 갖추어져 있습니다.

미래의 인류는 아날로그 삶과 동일한 수준의 디지털 삶을 메타버스 안에서 영위하게 되지 않을까요? 아마도 그럴 것입니다.

메타버스, 여행의 끝

이제 이야기를 마무리할 시간입니다. 이 책에서 던지고자 하는 메시지를 간단히 정리해 봅시다.

팬데믹으로 인해 몇 가지 트렌드들이 가속화되고 있습니다. 그리고 그중에서 인류에게 가장 큰 영향을 미칠 트렌트는 탈현실화일 것입니다. 현실로부터 도피하는 탈현실화가 가능한 이유는 우리가 현실이라고 부르는 대상

자체가 대부분 인간의 뇌를 통해 구성되는 것이기 때문이지요. 그러나 반대로, 인간의 뇌 또한 결정적 시기의 경험들을 거치며 기능적으로 그리고 구조적으로 변합니다. 다시 말해, 인간의 뇌가 현실을 구성하는 것만큼이나 현실도 인간의 뇌를 빚어내며 우리 자아를 확장시킵니다.

기술적으로 그리고 뇌과학적으로 미래를 예측해 보자면, 메타버스라는 완전한 디지털 현실은 결국 구현될 것입니다. 물론, 언제 구현될지는 아무도 모릅니다. 그러나 저는 앞으로 빠르면 20년, 늦어도 50년 안에는 이러한 현실이 실현되는 것이 가능하다고 믿습니다. Z 세대나 그다음 세대, 그도 아니라면 그다음 세대는 디지털 현실이라는 새로운 현실로 이주하거나, 아날로그 삶과 디지털 삶을 병행할 것입니다.

탈현실화는 디지털 현실로 도피하는 형태가 아니라, 다른 행성으로 도피하는 형태를 띨 수도 있습니다. 물론, 미래의 기술로는 이 두 가지가 모두 가능할 것입니다. 그러나 탈현실화 이후에 우리 지구는 어떻게 될까요?

아무도 없는 지구에서 홀로 살아가는 쓰레기 청소용 로봇이 등장하는 〈월-E Wall-E〉라는 영화를 보면, 인류가 떠나버린 지구에는 온통 쓰레기뿐입니다. 2045년의 미래와

그림 38 영화 〈월-E〉와 〈레디 플레이어 원〉

오아시스라는 가상현실을 이야기하는 〈레디 플레이어 원
Ready Player One〉에서도 지구는 쓰레기장으로 그려지지요. 인
간이 디지털 현실 또는 우주로 나아가기로 마음먹을 때
지구가 이렇게 폐허로 남으리라는 상상은 전혀 지나친 것

이 아닙니다.

따라서 새로운 현실로의 이주를 준비하기에 앞서, 우리는 지금부터 오리지널 현실의 가치에 대해 생각해 볼 필요가 있습니다. 책에서 여러 번 소개한 아르헨티나의 작가인 보르헤스의 또 다른 단편, 「과학적 정확성에 대하여Del rigor en la ciencia」는 이 주제를 통찰력 있는 관점에서 제시합니다.

이야기의 배경은 가상의 고대 문명으로, 이 문명 사람들은 지도를 만드는 데 목숨을 거는 이들입니다. 이 고대인들은 기존의 지도에 불만을 가지고 현실을 보다 정교하게 표현하는 지도를 제작하기 위해, 지도의 크기를 조금씩 더 키우기 시작하지요. 그렇게 지도의 크기는 100만분의 1, 10만분의 1로 점점 더 커지며 현실의 크기에 가까워집니다.

현실을 더 정확하게 묘사하려는 욕망은 과도한 크기의 지도를 만드는 작업으로 이어지고, 결국 고대인의 지도는 현실과 동일한 크기를 가지게 됩니다. 마침내는 현실을 모두 덮어버리며, 지도가 곧 또 다른 현실이 됩니다. 그리고 지도 위에서 태어난 고대인의 후손이 현실과 지도 가운데 어느 것이 진정한 실재인지 구별하지 못하는 상황에서 소설은 끝이 납니다.

　이 소설 속 고대인들이 가진 욕망과 메타버스를 향한 우리의 욕망은 서로 닮아 있는지도 모릅니다. 따라서 실재와 가상 사이에서 고대인의 후손들처럼 길을 잃지 않으려는 노력이 우리들 사이에서도 머지않아 나타날 것입니다. 그에 따라 우리의 아날로그 현실이 어떤 점에서 특별한지, 왜 메타버스 시대에도 (가끔은 불편하고, 지루하며, 문제들로 가득한) 아날로그 현실이 여전히 필요한지, 그리고 디지털 휴먼이 아닌 아날로그 인간을 인간답게 만드는 것은 무엇인지 고민하게 될 것입니다.

　결국 메타버스는 우리 인류, 즉 호모 사피엔스의 새로운 역사를 열어젖힐 것입니다. 약 30만 년 전에 동아프리카에서 탄생해 대부분의 시간을 유목민으로 지낸 우리 인류는, 약 1만 년 전에 정착을 시작하며 역사의 두 번째 장을 열었습니다. 그리고 역사의 세 번째 장은 1만 년 동안의 문명과 문화를 거친 끝에 '디지털 현실'이라는 이름으로 우리 앞에 나타났습니다.

　그러나 이는 인류 역사의 세 번째 장이자 마지막 장일지도 모릅니다. 1만 년 전 정착과 함께 인류의 새로운 여정을 시작한 우리는 '정착'이라는 '작은' 변화가 문명, 과학기술, 종교와 전쟁, 자본주의와 민주주의를 낳을 것이라고는 상상조차 하지 못했지요.

메타버스 또는 디지털 현실을 향해 또 한 번의 새롭고 거대한 여정을 떠나게 된 호모 사피엔스. 이 여정의 끝에서 우리 인류가 어떤 모습을 가지게 될지, 새로운 장막 너머로 어떤 풍경이 펼쳐질지에 대한 낙관과 비관이 뒤얽힌 가운데, 그 장막은 이제 막 열리고 있습니다.

메타버스 사피엔스

또 하나의 현실, 두 개의 삶, 디지털 대항해시대의 인류

© 김대식, 2022, Printed in Seoul, Korea

초판 1쇄 펴낸날	2022년 1월 21일
초판 3쇄 펴낸날	2022년 2월 18일
지은이	김대식
펴낸이	한성봉
편집	최창문·이종석·강지유·조연주·조상희·오시경·이동현
콘텐츠제작	안상준
디자인	정명희
마케팅	박신용·오주형·강은혜·박민지
경영지원	국지연·강지선
펴낸곳	도서출판 동아시아
등록	1998년 3월 5일 제1998-000243호
주소	서울시 중구 퇴계로30길 15-8 [필동1가 26] 2층
페이스북	www.facebook.com/dongasiabooks
인스타그램	www.instargram.com/dongasiabook
블로그	blog.naver.com/dongasiabook
전자우편	dongasiabook@naver.com
전화	02) 757-9724, 5
팩스	02) 757-9726
ISBN	978-89-6262-415-1 03400

※ 잘못된 책은 구입하신 서점에서 바꿔드립니다.

만든 사람들

책임편집	이종석
책임디자인	정명희
크로스교열	안상준
본문 조판	박진영